Matthias Dahms

Motivieren, Delegieren, Kritisieren

Matthias Dahms

Motivieren, Delegieren, Kritisieren

Die Erfolgsfaktoren der Führungskraft

2. Auflage

GABLER

Bibliografische Information der Deutschen Nationalbibliothek
Die Deutsche Nationalbibliothek verzeichnet diese Publikation in der Deutschen Nationalbibliografie; detaillierte bibliografische Daten sind im Internet über <http://dnb.d-nb.de> abrufbar.

2. Auflage 2010

Lektorat: Stefanie A. Winter

Gabler Verlag ist eine Marke von Springer Fachmedien.
Springer Fachmedien ist Teil der Fachverlagsgruppe Springer Science+Business Media.
www.gabler.de

Umschlaggestaltung: KünkelLopka Medienentwicklung, Heidelberg
Druck und buchbinderische Verarbeitung: STRAUSS GMBH, Mörlenbach
Gedruckt auf säurefreiem und chlorfrei gebleichtem Papier
Printed in Germany

ISBN 978-3-8349-1873-4

Vorwort zur 2. Auflage

Die drei thematischen Schwerpunkte dieses Buches Motivieren, Delegieren und Kritisieren treffen die entscheidenden Situationen in Unternehmen und Verwaltungen. Gerade in Zeiten einer sich verschärfenden Krise kommt dem Verhalten der Führungskräfte eine Schlüsselfunktion zu. Märkte sind in Bewegung, Gewichte verschieben sich. Dies gilt innerhalb der Organisationen, wie auch in deren Außenbeziehungen. Wer seinen Verantwortungsbereich jetzt geschickt steuert, sichert leicht Wettbewerbsvorteile und Marktanteile, die in wenigen Jahren überdurchschnittliches Wachstum ermöglichen.

Bei den derzeitigen wirtschaftlichen Rahmenbedingungen spielt neben der Motivation auch der Umgang mit Widerständen eine wesentliche Rolle. Eine sturmerprobte Mannschaft gilt es zusammenzuhalten, statt gute Kräfte an den Wettbewerber zu verlieren. Der Know-how Abfluss ist für viele Unternehmen gerade in der jetzigen Situation ein schwer zu handhabendes Thema, das nur in intensiver, vertrauensvoller und transparenter Zusammenarbeit zwischen Führungskraft und Mitarbeiter bewältigt werden kann.

Deshalb habe ich für die zweite Auflage das erfolgreiche Konzept des Buches um ein wichtiges Kapitel erweitert. Der erfolgreiche Umgang mit Widerstand in Unternehmen und Verwaltungen ist für viele Führungskräfte ein wichtiger Bestandteil der Führungsarbeit, um auch in Krisensituationen die Mitarbeiter hochgradig arbeitsfähig zu halten.

Der Umgang mit Widerstand wird auch über die wirtschaftliche Krise hinaus ein aktuelles Thema bleiben.

Die vielen positiven Rückmeldungen aus Unternehmen und Verwaltungen zu den Inhalten der ersten Auflage haben mich bestärkt, die anderen Kapitel des Buches unverändert zu lassen. Die Inhalte gehören in das Methodenrepertoire aller, die mit Führungsfragen in Berührung kommen. Dabei werden Führende wie Geführte gleichermaßen profitieren.

Ich freue mich auf den intensiven Austausch mit den Lesern und wünsche Ihnen weiterhin viele nützliche Anregungen und Impulse durch dieses Buch.

Leingarten, im April 2010 Matthias Dahms

Vorwort

Seit mehr als fünfzehn Jahren begleitet unser Berater- und Trainerteam Führungskräfte aus Wirtschaft, Politik, Schule und Verwaltung. Während dieser Zeit beobachten wir mit Unbehagen, dass die Fachliteratur gleichsam explodiert ist. Der Leser dürstet scheinbar nach nützlichen Orientierungspunkten und droht in der Informationsflut zu ertrinken. Dicke Wälzer stehen den Leitenden zur Seite und werden oft nach ein paar Seiten frustriert zur Seite gelegt, weil die tägliche Führungspraxis nicht so gemanagt werden kann, wie die bunt bedruckten Seiten vorgeben. Entweder werden lebensfremde Theorien mit vielen Parametern entwickelt, schick in der wissenschaftlichen Diskussion, aber meist untauglich in der Praxis. Oder es wird ein trivialer Rezeptkasten vorgestellt, der der vielfältigen Führungspraxis nicht gerecht wird.

Unser Anspruch ist es, mit diesem Buch einen praktischen Beitrag zu leisten, der den Leitenden die tägliche Führungsarbeit erleichtert. Dabei stehen drei Themenfelder in Vordergrund:

- Motivieren
- Delegieren
- Kritisieren

Führungskräfte aller Ebenen werden zunehmend stärker gefordert und belastet. Sie brauchen solide Fähigkeiten in diesen drei Bereichen. Die Erwartungen, die an die Führungskräfte gestellt werden, sind hoch: Sich ändernde Marktbedingungen lösen erheblichen Gestaltungsdruck aus. Überall wird verändert, Pläne sind oft schon veraltet, bevor sie realisiert werden. Die Halbwertzeit des Wissens sinkt und damit auch die Halbwertzeit der Erfahrungen und Traditionen, die in der Vergangenheit Erfolge sicherstellten. Gerade heute sind deshalb Führungspersönlichkeiten gefragt, die auch auf stürmischer See Schiff und Mannschaft sicher führen.

Führung ist die Beeinflussung einer Organisation oder eines Organisationsmitglieds, innerhalb einer Zielvereinbarung eigenverantwortlich tätig zu werden. Dabei hängt erfolgreiches Führen von sozialer, methodischer und fachlicher Kompetenz ab.

Der Ausgangspunkt für unsere Empfehlungen sind die Leistungsfähigkeit und Leistungsbereitschaft der Mitarbeiter. Diese zu entfalten ist ein Hauptanliegen dieses Buches. Neben der Fähigkeit, Ziele zu setzen und zu erreichen, spielt die Selbstmotivation eine wichtige Rolle. Nur wer seine Arbeit gerne macht, kann Überdurchschnittliches leisten. Außerdem erhalten Sie nützliche Strukturen für Kritikgespräche mit Mitarbeitern, Kollegen und Vorgesetzten. Dabei werde ich stets aus einem praktischen Blickwinkel beleuchten und für häufig auftretende Schwierigkeiten Lösungen anbieten.

Die Lektüre dieses Buches bietet Ihnen konkrete Anregungen für schwierige Führungssituationen. Ich wünsche Ihnen viel Erfolg bei der Lektüre und der Umsetzung in Ihre Führungspraxis. Es lohnt sich, seine Führungsfähigkeiten zu entwickeln, denn nach wie vor wird dieser Engpassfaktor exzellent honoriert.

Der Text verwendet die maskuline Wortform (Mitarbeiter, Chef, Kollege). Die Bezeichnung bezieht die weibliche Form mit ein und wurde aus Gründen der vereinfachten Lesbarkeit gewählt.

Herzlichen Dank an alle, die mich zu diesem Buch gedrängt haben, denn nur dadurch ist diese Sammlung praktischen Führungswissens entstanden. Ein Dank auch an alle, die mich bei der Textarbeit und der Recherche unterstützt haben. Insbesondere danke ich meiner Frau Katja Dahms, die die notwendigen Freiräume geschaffen hat. Außerdem danke ich Frau Barbara Krohn, Herrn Holger Nees und Herrn Alexander Volpert, die manchen Textentwurf korrigiert haben.

Leingarten, im November 2007 Matthias Dahms

Inhaltsverzeichnis

1. Führungsmodell

Flacher werdende Hierarchien lassen gegenwärtig die Führungsspannen anwachsen. Deshalb brauchen Führungskräfte engagierte Mitarbeiter, die eigenverantwortlich handeln, um Ziele zu erreichen. Gleichzeitig brauchen Mitarbeiter verlässliche Führungskräfte, die Rahmenbedingungen schaffen, in denen Mehrwert entstehen kann.

Definition des Führungsbegriffes im Unternehmen

Führung ist die Beeinflussung einer Organisation oder eines Organisationsmitglieds, innerhalb einer Zielvereinbarung eigenverantwortlich tätig zu werden.

Wir legen dabei ein Führungsmodell zugrunde, das sich mit wenigen Kernbegriffen beschreiben lässt. Dadurch ist dieses Modell einfach genug, um in der Führungspraxis leicht Einzug zu halten. Gleichzeitig ist es hinreichend komplex, sodass sich die diffizilen Herausforderungen des Führungsalltages abbilden und erklären lassen.

Oft mangelt es an einer einfachen Sprache zwischen Vorgesetztem und Mitarbeiter, die die Problemfelder der Zusammenarbeit erklärbar macht. Durch eine gemeinsame Sprache und klare Ausdrucksweise wird das Verständnis zwischen den Beteiligten erhöht. Im Folgenden wird dieses nützliche Führungsmodell erläutert, um auf dieser theoretischen Grundlage in den folgenden Kapiteln die drei Erfolgsfaktoren Motivieren, Delegieren und Kritisieren aus einem praktischen Blickwinkel zu beleuchten. Nutzen Sie diese Informationen auch dazu, Ihre Mitarbeiter mit diesem Modell vertraut zu machen. Damit erschließen sie sich eine gemeinsame Begrifflichkeit für den Führungsalltag und erleichtern das gegenseitige Verstehen.

1.1 Kernbegriffe des Führungsmodells

Das Ziel

Jedes Führungsverhalten ist auf ein Ziel ausgerichtet. Das Ziel kann von der Führungskraft gesetzt werden oder es wird zwischen den Beteiligten vereinbart. Besonders motivierend ist es für die Mitarbeiter, wenn sie ihre Ziele weitgehend mitgestalten können. Sie identifizieren sich mehr mit der Sache und so fällt es viel leichter, Energie für das Ziel zu mobilisieren.

Als Folge der Zielsetzung findet eine Fokussierung von Mitteln statt. Damit wird in der Regel anderen Handlungsalternativen im Unternehmen eine Absage erteilt. Deshalb ist die Aufnahme eines neuen Zieles in den Zielkatalog der Unternehmung eine sehr weitreichende Managementfunktion, die von der Führungskraft persönlich vorzunehmen ist. Sie hat beispielsweise darauf zu achten, dass sich das Ziel in die Strategie des Unternehmens einfügt.

Es soll Führungskräfte geben, die versuchen die Verantwortung für die Aufnahme des Ziels in den Zielkatalog der Unternehmung auf die Mitarbeiter ganz oder teilweise zu delegieren. Das ist ein Versuch, sich unzulässig aus der Verantwortung zu stehlen, der bei den Mitarbeitern oft als Führungsschwäche ankommt. Gleichgültig, wer das Ziel ins Gespräch gebracht hat, und egal, ob es gesetzt oder vereinbart wurde, gilt der Grundsatz:

> Die Verantwortung für das Ziel trägt ausschließlich die Führungskraft. Diese Verantwortung kann auch nicht auf den Mitarbeiter oder das Team übertragen werden.

Der Weg

Der Weg ist das Handlungsfeld des Mitarbeiters. Er kann sein Können und seine Motivation einsetzen, um den Weg zum Ziel zu gehen. Gerade bei mittel- und langfristigen Zielen hat der Mitarbeiter anfangs viele Handlungsalternativen innerhalb des vereinbarten Rahmens, die sich automatisch ausdünnen je näher der Zeitpunkt der Zielerreichung rückt.

Genauso wie die Führungskraft ausschließlich verantwortlich für das Ziel ist, genauso einseitig liegt die Verantwortung für den Weg beim Mitarbeiter. Leider neigen viele Führungskräfte wohlmeinend dazu, sich in die Wegverantwortung des Mitarbeiters einzumischen. Gerade fachlich sehr versierte Chefs geben dem Mitarbeiter viele Ratschläge mit auf den Weg. Zwar wird die Arbeit durch diese Impulse oft leichter und der Aufwand geringer, jedoch der zukünftig zu bezahlende Preis ist hoch. Ratschläge sind in diesem Fall eben auch (Tief-)Schläge für die Eigenverantwortung und die Identifikation des Mitarbeiters. Je mehr fremde Vorschläge der Mitarbeiter umsetzt, desto mehr wird der Erfolg ein Erfolg des Chefs. Der Mitarbeiter wird zum Erfüllungsgehilfen oder zur reinen Umsetzungsmaschine degradiert. Häufig denkt der Mitarbeiter dann, dass er nicht zeigen kann, zu was er in Wirklichkeit in der Lage ist. Es gilt:

> Vorgaben der Führungskraft ersticken die Eigenverantwortung und Kreativität des Mitarbeiters.

Zudem wirkt die Anerkennung der Führungskraft fade, wenn die Führungskraft den Mitarbeiter dafür lobt, dass der Mitarbeiter die Vorschläge des Chefs umgesetzt hat.

Einer der Schlüssel zu motivierten und identifizierten Mitarbeitern, die für den Chef gelegentlich auch einmal in ihrer unbezahlten Freizeit durchs Feuer gehen, ist:

> Überlassen Sie die Wegverantwortung komplett dem Mitarbeiter.

Wie diese Forderung auch im Umgang mit weniger erfahrenen oder motivierten Mitarbeitern umgesetzt werden kann, erfahren Sie in Kapitel 2.

Die Rahmenbedingungen

Die seitlichen Begrenzungen des zielführenden Weges werden durch die Ressourcen gebildet, über die der Mitarbeiter verfügen kann. Diese werden im Zielvereinbarungsgespräch zwischen Mitarbeiter und Führungskraft vereinbart.

Der Mitarbeiter bekommt betriebliche Ressourcen beispielsweise in Form von Finanzmitteln, Personal, Material und Zeit an die Hand. Je nach Erfahrung des Mitarbeiters werden diese Mittel eigenverantwortlich oder nach Absprache mit der Führungskraft disponiert.

Rücksprache mit der Führungskraft

Solange sich der Mitarbeiter innerhalb seiner Rahmenbedingungen befindet, kann er selbst bestimmen, was getan werden soll. Werden jedoch zum Beispiel Budgets überzogen, erweisen sich Personalressourcen als ungenügend oder läuft die Zeit aus dem Ruder, ist die Führungskraft unverzüglich zu informieren. Wird der vereinbarte Weg verlassen, braucht die Führungskraft Informationen, um weitere Maßnahmen einleiten zu können.

> Vereinbaren Sie diese wichtige Informationspflicht bei Überschreitung der zugesicherten Rahmenbedingungen ausdrücklich. Nur in diesem Fall kann sich die Führungskraft darauf verlassen, dass sich alle Mitarbeiter mit ihren Zielen im vereinbarten Korridor befinden, wenn keine entsprechende Meldung erfolgt.

Die Kontrolle

Von Führungskräften wird oft beklagt, dass die Bereitschaft der Mitarbeiter nicht sehr ausgeprägt ist, die Wegverantwortung zu übernehmen. Mitarbeiter sind häufig nicht bereit, Verantwortung zu übernehmen, weil sie negative Erfahrungen im Zusammenhang mit Kontrolle gemacht haben. Die Assoziationen, die durch das Wort „Kontrolle" erzeugt werden, sind oft erschreckend. Gedanken an Kontrolle lösen bei manchen Mitarbeitern Annahmen von ständiger Überwachung, bloßstellender Rechtfertigung, persönlicher Haftung und Machtmissbrauch durch den Vorgesetzten aus. Auf diesem Nährboden wachsen Mut, Selbstvertrauen und natürlich auch Verantwortungsbereitschaft nicht.

Viele Führungskräfte sind ebenfalls in diesen Annahmen aus ihrer Mitarbeiterzeit gefangen. Zudem glauben sie manchmal, dass sich ein kontrollierter Mitarbeiter durch die Rücknahme der Leistung rächen könnte. Also vermeidet man Kontrollen, lässt die Dinge laufen und gibt sich aus Angst vor Kontrolle mit einem Minimum an Leistung zufrieden. Das ist ein Jammer, denn Kontrolle wirkt, richtig eingesetzt, nicht hemmend, sondern stark fördernd auf die Motivation.

Schauen wir uns die einzelnen Schritte kurz an, die der Kontrolle vorausgehen:

1. Sie haben eine klar beschriebene Aufgabe, die Sie dem Mitarbeiter übertragen wollen.
2. Sie suchen den Kandidaten aufgrund seiner fachlichen, methodischen und sozialen Eignung aus.
3. Sie besprechen das Ziel mit ihm, regeln die erforderlichen Ressourcen und stellen fest, dass er den erforderlichen zeitlichen Freiraum hat.
4. Sie vereinbaren, dass Sie als Ansprechpartner zur Verfügung stehen, wenn es erforderlich sein sollte.
5. Sie sprechen ab, dass der Mitarbeiter Ihnen sofort eine Nachricht zukommen lässt, wenn er den vereinbarten Ressourcenrahmen überschreitet.

Sie haben folglich sechs Sicherungen eingebaut, um sicherzustellen, dass der Mitarbeiter das Ziel vereinbarungsgemäß erreicht.

Jetzt kommt die entscheidende Frage: Wie wahrscheinlich ist es, dass Sie durch Ihr Kontrollverhalten dem Mitarbeiter eine schlechte Erfahrung geben müssen? Wie wahrscheinlich ist es, dass der Mitarbeiter bei der Kontrolle außerhalb der vorher vereinbarten Rahmenbedingungen liegt?

Die Wahrscheinlichkeit ist verschwindend gering. Damit haben Sie durch die Kontrolle brillante Voraussetzungen geschaffen, Ihren Mitarbeiter anzuerkennen.

> Kontrolle ist die Quelle der Anerkennung.

Viele Mitarbeiter behaupten, dass die Anerkennung durch ihren Chef defizitär ist. Ein entscheidender Grund dafür liegt in fehlender Kontrolle. Setzen Sie deshalb regelmäßige Kontrollen ein, um Ihre Mitarbeiter sehr stark anzuerkennen und zu motivieren.

Vertrauen und Selbstvertrauen

Dieses Führungsmodell fußt auf gegenseitigem Vertrauen von Mitarbeiter und Führungskraft. Der Mitarbeiter vertraut zum Beispiel darauf,

1. dass die Rahmenbedingungen bestehen bleiben,
2. dass das Ziel seine Gültigkeit und Priorität behält und
3. dass die Führungskraft Rückendeckung gibt.

Das Vertrauen der Führungskraft erstreckt sich beispielsweise darauf,

1. dass der Mitarbeiter seine Leistungsfähigkeit und -bereitschaft in hohem Maße einbringt,
2. dass der Mitarbeiter die Führungskraft informiert, wenn die Rahmenbedingungen des Ziels überschritten werden, statt den Sachverhalt zu vertuschen und damit wertvolle Zeit zu verlieren und
3. dass der Mitarbeiter Verbesserungsvorschläge macht und auf Risiken hinweist, statt kritisches Potenzial zurück zu halten.

Dabei ist eine gemeinsame Unternehmensgeschichte mit vielen positiven Vertrauenserfahrungen sehr förderlich. Wenn beide Seiten die Erfahrung gemacht haben, dass sie sich aufeinander verlassen können, erhöht dies die Leistungsfähigkeit enorm.

Viele werden in ihrer Führungspraxis erleben, dass sich eine positive Geschichte und damit eine vertrauensvolle Arbeitsbeziehung nicht verordnen lassen. Oft herrschen Ängste und Vorurteile, die die Zusammenarbeit zum Teil erheblich beeinträchtigen. Die frohe Botschaft lautet:

Die positiven Führungserfahrungen der Gegenwart werden in Zukunft die Geschichte bilden.

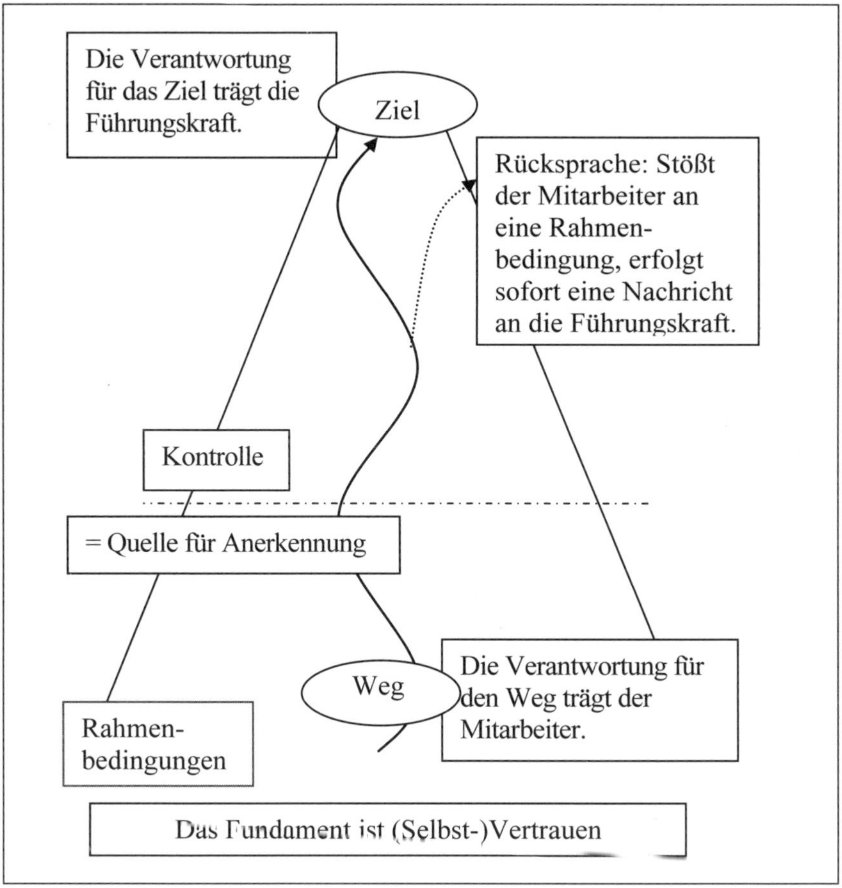

Abbildung 1: *Das Führungsmodell*

Deshalb ist es wichtig, sich darüber bewusst zu sein und in seine Führungspraxis einfließen zu lassen, dass eine delegierte Aufgabe auf zwei Ebenen wirkt. Die erste Ebene ist die gestellte Aufgabe, die möglichst effektiv und effizient abgearbeitet werden muss – das Tagesgeschäft eben. Die zweite Ebene hat jedoch eine viel größere Tragweite: Der viel wirkungsvollere Hebel auf die zukünftige Arbeitsfähigkeit ist die gemeinsam gemachte Führungserfahrung. Schlechte Erfahrungen belasten die Arbeitsfähigkeit, gute Erfahrungen werden die Arbeitsfähigkeit wachsen lassen. Mit diesem Hebel arbeiten Sie an dem Fundament, auf das Vertrauen und Selbstvertrauen gebaut werden. Hier entscheidet sich, ob Ihr Führungshandeln zur Steigerung der Arbeitsfähigkeit beiträgt. Langfristig ist diese zweite Ebene viel nachhaltiger für die Leistungsfähigkeit einer Organisation als die Aufgabenebene, die traurigerweise vielfach in den Vordergrund gerückt wird.

> Schaffen Sie durch das Setzen und Erreichen von Zielen für den Mitarbeiter Erfolgserlebnisse, die die zukünftige Arbeitsfähigkeit steigern.

1.2 Implementierung des Führungsverständnisses

Ihre praktische Führungsarbeit im Unternehmen wird wesentlich erleichtert, wenn das gesamte Personal Ihres Verantwortungsbereiches mit dem Führungsmodell vertraut ist. Dann lässt sich die Sprache des Modells von Mitarbeitern und Führungskräften verwenden, um in und über Führungssituationen zu sprechen.

> Erläutern Sie Ihren Mitarbeitern das Führungsmodell mit seinen Kernbegriffen.

Dafür benötigen Sie nur 15 Minuten – eine Viertelstunde Führungszeit, die im Führungsalltag viele Missverständnisse ausräumt. Darauf aufbauend lassen sich zum Beispiel gegenseitige Erwartungen an eine gute Führungskraft bzw. einen guten Mitarbeiter besprechen. Diese Impulse reichen meist aus, um ins Gespräch zu kommen und gemeinsam an der Führungskultur des Unternehmens zu arbeiten.

Gerade wenn Sie eine neue Führungsaufgabe übernehmen oder neues Personal einarbeiten, können Sie auf diese Weise ein gemeinsames Führungsverständnis aufbauen, dass die tägliche Führungsarbeit wesentlich konfliktärmer werden lässt.

2. Delegations- und Führungsverhalten

2.1 Leistungsfähigkeit und Leistungsbereitschaft

Ein gemeinsames Führungsverständnis gemäß dem Führungsmodell bildet die Grundlage für das Delegations- und Führungsverhalten. Nimmt man die tägliche Führungsarbeit genauer unter die Lupe, so wird deutlich, dass zwei Eigenschaften des Mitarbeiters wesentlich darüber mitentscheiden, mit welchem Beitrag er sich am betrieblichen Leistungserstellungsprozess beteiligt: Leistungsfähigkeit und Leistungsbereitschaft. Zu Beginn wollen wir genauer beschreiben, was wir unter diesen zwei Kernbegriffen verstehen.

Die Leistungsfähigkeit

Die Leistungsfähigkeit wird gebildet durch die fachlichen, sozialen und methodischen Kompetenzen des Mitarbeiters.

Das fachliche Know-how wird nicht nur auf hohem Niveau eingefordert, sondern verändert sich auf diesem hohen Niveau auch mit rasanter Geschwindigkeit. Was gestern ein wichtiger Wissensbereich war, ist heute zweitrangig und wird morgen schon als unbrauchbar zur Seite gelegt und durch schnell alternde Neuerungen ersetzt. Es ist kein Zufall, dass viele Unternehmen sich dieses Wissen gar nicht mehr intern leisten, sondern es auf dem externen Markt zukaufen. Für viele Unternehmen ist die Nutzungsdauer des Wissens viel zu kurz, um die langwierige Phase des Wissenserwerbs wirtschaftlich werden zu lassen.

Neben dem Wissen leistet die Fähigkeit, sich auf unterschiedliche Menschen einzustellen und mit diesen nützlich umzugehen (soziale Kompetenz), einen immer wichtigeren Beitrag für die Qualität der Arbeit. Oft werden private Kontakte beruflich genutzt und die beruflichen Kontakte eröffnen private

Möglichkeiten. Gerade in Zeiten, in denen die beruflich genutzte Zeit wächst, werden private Kontakte auf den beruflichen aufgebaut. Menschen, die ihre wechselnden betrieblichen und privaten Rollen erfolgreich managen, erzielen viel leichter einen Mehrwert für das Unternehmen, weil sich die Rollen gegenseitig bereichern und ergänzen.

Zusätzlich braucht der leistungsfähige Mitarbeiter Kenntnisse darüber, wie ein Arbeitsvorgang methodisch optimal geplant und durchgeführt werden kann („know how to do"). Der methodisch leistungsfähige Mitarbeiter schneidet überflüssige Doppelarbeiten ab, verschlankt Prozesse und behebt Fehler an der Quelle. Durch die rasante Veränderungsgeschwindigkeit in Organisationen sind auch die erforderlichen Kompetenzen aller Organisationsmitglieder einem erheblichen Wandel unterworfen. Dadurch kommt der Lernfähigkeit der Beteiligten eine erhebliche Bedeutung zu. Vielfach ist die Fähigkeit, sich zügig in einen Sachverhalt einzuarbeiten, wichtiger als ein aktuell hoher Wissensstand.

Manager, die es verstehen, die fachliche, soziale und methodische Leistungsfähigkeit der Mitarbeiter zu erschließen, schaffen eine wesentliche Voraussetzung dafür, dass im Unternehmen leicht Mehrwert generiert werden kann.

Die Leistungsbereitschaft

Leistungsfähigkeit sollte gepaart sein mit einem hohen Maß an Leistungsbereitschaft. Die Leistungsbereitschaft eines Mitarbeiters spiegelt sein Engagement wider. Hier geht es darum, ob ein Mitarbeiter aus sich heraus leistet oder ob ihn die Führungskraft ständig von außen anspornen muss. Hoch ausgeprägte Leistungsbereitschaft erleichtert das Führen sehr, denn das Motivieren von außen kann reduziert werden.

Oft sind den Menschen mit hoher Leistungsbereitschaft auch die Wege zu den eigenen Motivationsquellen bekannt. Diese Menschen motivieren sich selbst und sind damit Meister ihres eigenen Wollens. Der Umgang mit diesen Menschen macht oft viel Freude, denn sie bauen ein schaffensfrohes Klima auf, das auch andere ansteckt.

Leistungsfähigkeit und -bereitschaft sind keine beständigen Größen, sie unterliegen dem permanenten Wandel. Erlebnisse in der Vergangenheit bestimmen das Mitarbeiterverhalten in der Gegenwart; heute wird am Mitarbeiterverhalten der Zukunft gearbeitet. Wer heute erstklassiges Führungsverhalten sät, wird morgen ausgezeichnete Leistungsfähigkeit und hervorragende Leistungsbereitschaft ernten.

Im Folgenden werden die unterschiedlichen Ausprägungen von Leistungsfähigkeit und -bereitschaft beim Mitarbeiter in fünf Typen differenziert und das entsprechende Delegationsverhalten für die Führungspraxis daraus abgeleitet. Dabei liegt unser Führungsmodell mit seinen zentralen Begriffen zugrunde.

	Fall I	Fall II	Fall III	Fall IV	Fall V
Leistungsfähigkeit	niedrig	hoch	niedrig	hoch	mittel
Leistungsbereitschaft	hoch	niedrig	niedrig	hoch	mittel

Ziel ist es, dass Sie Ihre Mitarbeiter und Mitarbeiterinnen diesen Ausprägungen zuordnen. Durch die Anregungen zum Delegationsverhalten können Sie eine Führungsstrategie festlegen, die Sie dann bei den einzelnen Personen in die Praxis umsetzen können.

2.2 Mitarbeitertyp: Der Neue

Leistungsfähigkeit	niedrig
Leistungsbereitschaft	hoch

Ein gutes Beispiel für Mitarbeiter, die dieser Fallgruppe I zugeordnet werden können, sind Auszubildende und Universitätsabsolventen, die ihre berufliche Laufbahn gerade beginnen. Mit viel Engagement und Begeisterung nehmen sie ihre Aufgaben in Angriff. Die hohe fachliche Qualifikation ist oft gepaart mit wenig Erfahrung im methodischen Bereich. Die ungeschriebenen Regeln der Unternehmung und der kleine Dienstweg sind noch unbekannt.

Gleichfalls zu diesem Mitarbeitertypus zählen die erfahrenen Mitarbeiter, die das Unternehmen neu eingestellt hat. Wenn die Personalabteilung gute Arbeit leistet, lässt sie nur diejenigen ins Unternehmen hinein, die eine hohe fachliche Eignung haben und gleichzeitig sehr motiviert sind. Doch auch für diese Arbeitnehmer gilt, dass zunächst die Einarbeitung erfolgt und das interne Netzwerk aufgebaut werden muss. Oft dauert dies einige Zeit, bis sich die Leistungsfähigkeit voll entfalten kann.

Geschichte im Unternehmen

Die Geschichte dieser Personengruppe im Unternehmen ist naturgemäß gar nicht vorhanden oder sehr kurz. Der Neue ist durch die Zusammenarbeit noch unbelastet. Er ist ein unbeschriebenes Blatt, das sich seinen Ruf im neuen Unternehmen aufbauen kann und muss.

Manchmal starten die Neuen mit erheblichen Vorschusslorbeeren. Die berufliche Geschichte aus anderen Unternehmen oder der Ruf aus der Hochschule wird auf die neue Organisation übertragen. Diese oft ungeprüft übernommenen Annahmen über die Leistungsfähigkeit und die Leistungsbereitschaft des Neuen können einen erheblichen Erwartungsdruck auf ihn ausüben. Wird dieser Bonus in der Anfangsphase nicht durch überragende Leistungen bestätigt, kann der Vorschuss ins Gegenteil umschlagen. Der Lorbeerkranz wird dann schnell gegen einen Trauerkranz eingetauscht. Deshalb sollten alle Beteiligten der Bildung zu hoher Erwartungswerte vorbeugen, sonst ist Enttäuschung vorprogrammiert trotz vielleicht sogar überdurchschnittlicher Leistungen

Geeigneter Aufgabentyp

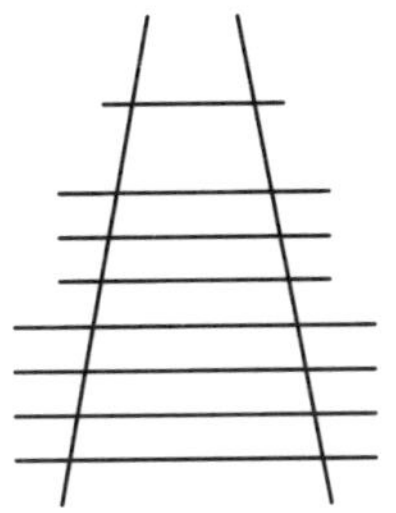

Skizze des Führungsmodells

Abbildung 2: *Aufgabentyp für den Mitarbeitertyp „Neuer"*

Sie sollten dem Neuen Aufgaben übertragen, die vergleichsweise enge Rahmenbedingungen haben. Dadurch ist der Weg zum Ziel genauer bestimmt. Dieser Mitarbeitertyp ist hoch motiviert und will zeigen, was er kann. Seine rasante Geschwindigkeit auf dem Weg zum Ziel ist eine seiner Stärken. Schlägt er jedoch aufgrund seiner mangelnden Erfahrung eine falsche Richtung ein, kann er sich in kurzer Zeit erheblich vom Ziel entfernen. Eine Kurskorrektur ist dann oft nur mit aufwändigen Rudermanövern zu erreichen. Der enge Gestaltungsrahmen bildet quasi eine Warnschnur, die der Mitarbeiter nicht überschreiten darf. Berührt der Neue den Rahmen, muss er mit Ihnen Kontakt aufnehmen. Dies haben Sie bei der Delegation der Aufgabe gemäß Führungsmodell mit ihm vereinbart.

Bei einem unerfahrenen Neuen können Sie sich von ihm seinen Weg zum Ziel skizzieren lassen, diesen Plan besprechen und erst ab diesem Zeitpunkt die eigenverantwortliche Umsetzung in die Hände des Neuen legen. Durch diesen Trick können Sie die Planungskompetenz des Neuen testen und gegebenenfalls kleinere Korrekturen im Plan vornehmen. Widerstehen Sie allerdings der Gefahr, die Planungen des Mitarbeiters ohne Not zu optimieren. Solche Edelbastelei ist meist wenig wertschöpfend und erstickt die Motivation des Neuen.

Kontrollverhalten der Führungskraft

Wir haben bereits bei der Vorstellung des Führungsmodells gesehen, dass richtig eingesetzte Kontrollen die Hauptquelle für Anerkennung sind. Gerade der Neue braucht viel Anerkennung, um sich in der Vielzahl von neuen Beziehungen zu orientieren und seinen Weg zu finden. Ist der zeitliche Abstand zwischen den Kontrollen vergleichsweise klein, besteht kaum Gefahr, dass er die Rahmenbedingungen verlässt.

Häufige Kontrollen sichern außerdem den Kontakt des Neuen zu seinem Vorgesetzten. Beide Beteiligte sammeln erste Erfahrungen miteinander. Macht der Mitarbeiter durch Sie die Erfahrung, dass sein Chef die notwendige Zeit für ihn hat, ist dies ein gutes Fundament zum Aufbau einer tragfähigen und leistungsbereiten Arbeitsbeziehung.

Der Neue orientiert sich noch und ist in vielen Dingen unsicher. In dieser Situation kann die hohe Kontrolldichte jedoch auch zu negativen Annahmen führen. Zum Beispiel könnte er vermuten, dass Sie mit seiner Arbeitsleistung nicht zufrieden sind oder ihm misstrauen. Besprechen Sie deshalb die Gründe für die Kontrollen. Dem Neuen muss unmiss-verständlich klar sein, dass Sie ihn anerkennen wollen und miteinander Erfahrungen sammeln möchten.

Potenzialüberlegung

Beim Neuen lassen sich hohe Leistungsreserven erschließen. Damit ist die Führung dieses Mitarbeiters klar eine A-Aufgabe. Sie genießt hohe Priorität und ist nicht delegierbar.

Die hohe Bereitschaft bringt der Neue mit, nur die Fähigkeiten müssen zusammen mit der Führungskraft entwickelt werden. Daraus folgt, dass die zusätzliche Leistung mit wenig zusätzlichem Aufwand erschlossen werden kann.

Dieser Mitarbeitertyp bringt alle Voraussetzungen mit, um in absehbarer Zeit ein Leistungsträger zu werden. Gezielte Förderung durch die Delegation anspruchsvoller Aufgaben, Anerkennung für erbrachte Leistungen und realistische Karriereplanung schaffen eine dauerhaft leistungsorientierte Arbeitsbeziehung. Zeit, die Sie hier als Führungskraft investieren, bringt auf mittlere Sicht eine spürbare Leistungssteigerung in Ihrem Verantwortungsbereich.

Risiken in der Führungspraxis

Leider ist diese Zeitinvestition in der Anfangsphase der Arbeitsbeziehung auch die Hürde, die viele Führungskräfte straucheln lässt. Die Zeitinvestition muss in jedem Fall zuerst geleistet werden, damit später eventuell eine Rendite eingefahren werden kann.

Wenn sich Führungskräfte die Zeit nicht nehmen, um Neue gut einzuarbeiten, begehen sie auch aus einem anderen Grund einen strategischen Fehler. In der ersten Orientierungsphase gleicht der Neue die eigenen Leistungs- und Qualitätsnormen mit denen der neuen Unternehmung ab und verändert sie gegebenenfalls. Entscheidend ist, welcher Mitarbeitertyp in der Anfangsphase den maßgeblichen Einfluss auf diesen Anpassungsprozess hat. Kommt der Neue zum Beispiel mit vielen Personen in Kontakt, deren Leistungsbereitschaft niedrig ist, so besteht die Gefahr, dass der Neue sich deren Einstellung zu eigen macht.

Diese Gefahr wird in der Führungspraxis oft unterschätzt, denn die Teile der Belegschaft mit niedriger Leistungsbereitschaft erleben die hohe Ausprägung dieser Eigenschaft beim Neuen zu Recht als hochgradige Bedrohung. Das hohe Arbeitstempo des Neuen enttarnt die institutionalisierte Trägheit dieses Belegschaftsteiles.

Diesem Risiko können Sie vorbeugen, indem Sie in Gesprächen Ihre Arbeitswerte und -normen thematisieren, häufige Kontakte sicherstellen und dem Menschen viele Erfolgserlebnisse verschaffen.

Chancen in der Führungspraxis

Dieser Mitarbeitertyp ist wie ein heißes Stück Edelmetall. Der Goldschmied, der die Temperatur hoch hält und seine Werkzeuge geschickt einsetzt, kann in kurzer Zeit etwas sehr Hochwertiges formen.

Gerade in der Anfangsphase sind die Neuen unsicher und hungern nach Orientierung und Kontakt. Für eine gute Führungskraft sind die Neuen dadurch leicht formbar. Weiche Impulse verbunden mit Anerkennung für erbrachte Leistungen helfen schrittweise Sicherheit zu geben, eine verlässliche Arbeitsbeziehung aufzubauen und in der Folge zusätzliche Leistungsreserven zu erschließen.

Die nächsten Schritte

Der wichtigste Grundsatz im Umgang mit diesem Mitarbeitertyp lautet:

> Der Neue wird durch Sie persönlich in die Unternehmenskultur eingeführt.

Kümmern Sie sich in der ersten Zeit intensiv um Ihre Neuen. Führen Sie möglichst persönlich in die Arbeiten ein und vereinbaren Sie Ziele, die zügig erreicht werden können. Die dadurch entstehenden Erfolgserlebnisse motivieren und schaffen das erforderliche Selbstvertrauen für die kommenden, dann größeren Aufgaben. Achten Sie auf einen engen Gestaltungsrahmen, um Misserfolgen vorzubeugen.

Der erfahrene Neue kann von seiner Führungskraft auch zu Verbesserungsvorschlägen angeregt werden. Die gesammelten Erfahrungen aus anderen Organisationen werden so für das neue Unternehmen nutzbar gemacht. Zusätzlich besteht enger Kontakt zwischen dem Neuling und seiner Führungskraft. Wichtig ist hier, dass der Mitarbeiter möglichst zügig ermuntert wird, seine Verbesserungsvorschläge zu machen. Denn hat sich der Neue erst an die Gepflogenheiten in der neuen Organisation gewöhnt, hat auch schon in hohem Maße Betriebsblindheit Einzug genommen.

2.3 Mitarbeitertyp: Der Veränderungsverlierer

Leistungsfähigkeit	hoch
Leistungsbereitschaft	niedrig

Ob Wirtschaftsunternehmen, Verwaltungen, Schulen oder Parteien: alle Organisationen sind heute einem erheblichen Veränderungsdruck ausgesetzt. Die Umwelt ändert sich rasant und erfordert innerhalb der Organisationen entsprechend schnelle Anpassungen. Die Mitglieder der Organisationen erleben diese Veränderungen hautnah und werden mit den Auswirkungen konfrontiert.

Chancen bietet jede Veränderung für Menschen, die die jetzt gefragten Fähigkeiten haben oder schnell erwerben können. Oft ist es auch eine Frage, wer welche Informationen über den Veränderungsprozess wann bekommt. Wer die Informationen frühzeitiger als andere bekommt, kann sich besser auf den Wechsel einstellen. Es kommt Schwung in eine vielleicht schon erlahmte Organisation. Attraktive Positionen sind zu besetzen und Menschen steigen in der Hierarchie auf. Wer an einer wichtigen Stelle eine Veränderung maßgeblich miterarbeiten kann, gehört zu den Veränderungsgewinnern.

Parallel dazu werden viele nicht in der Form auf der Karriereleiter berücksichtigt, wie sie es aus ihrem Selbstverständnis heraus als gerecht empfinden. Für diese Menschen bedeuten Veränderungen oft nur den Erhalt des Status quo, während sich andere entwickeln. Nicht selten werden auch Privilegien beschnitten. Der Einfluss ehemals wichtiger Personen nimmt kontinuierlich ab, weil die Bedeutung ihres Verantwortungsbereiches abgeschmolzen ist. Einst heiße Drähte nach ganz oben im Unternehmen erkalten und

Verbindungen aus der Vergangenheit erweisen sich heute als weniger nützlich und verlässlich. Karriereträume der Veränderungsverlierer zerplatzen wie Seifenblasen und sie haben das Gefühl, aufs Abstellgleis gestellt worden zu sein. Zumal oft diejenigen jetzt in den Schaltzentralen der Macht sitzen, die vermeintlich als weit weniger erfahren oder geeignet erscheinen.

Von Informationen abgeschnitten reift bei den Veränderungsverlierern die Einstellung, dass es sich nicht mehr lohnt, sich für dieses Unternehmen zu engagieren. Oft bildet sich eine fatale Arbeitshaltung, die in Aussprüchen mündet, wie: „Engagement kann der Laden von mir nicht mehr erwarten.“ Oder: „Ich mache nur noch Dienst nach Vorschrift.“ Damit ist die innere Kündigung in vielen Fällen bereits vollzogen.

Geschichte im Unternehmen

Veränderungsverlierer schauen oft auf eine lange Betriebszugehörigkeit zurück. Aufgrund von Enttäuschungen bringen sie ihre Fähigkeiten jedoch nicht mehr (voll) ins Unternehmen ein. Dies ist für das Unternehmen besonders dramatisch, denn dieser Mitarbeitertyp ist oft mit einer sehr hohen Befähigung ausgestattet. Sie wissen Bescheid, sie haben sich häufig in Jahrzehnten pflichtbewusster engagierter Arbeit im Unternehmen ein exzellentes Netzwerk aufgebaut. Und diese Menschen verstehen es, ihr Netzwerk für ihre Ziele effektiv zu nutzen, selbst dann, wenn es durch die Verschiebungen des Veränderungsprozesses teilweise an Bedeutung eingebüsst haben sollte. Man kennt sich, auch über den direkten Verantwortungsbereich hinaus.

Oft sammeln sich in diesem Typus ehemalige Hoffnungs- und Leistungsträger. Enttäuschte Erwartungen führen dazu, dass Fähigkeiten nur noch auf einem minimalen Niveau eingebracht werden.

Geeigneter Aufgabentyp

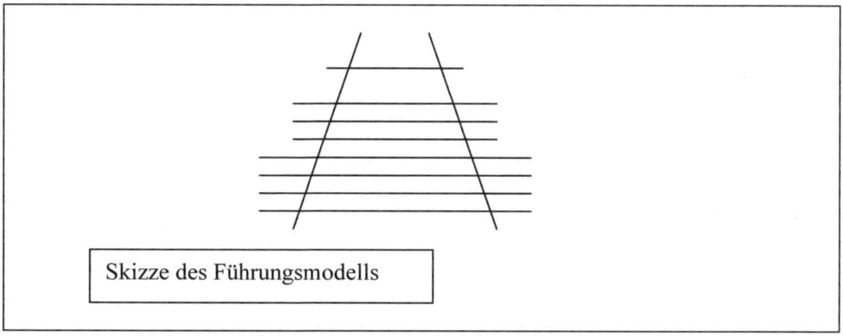

Abbildung 3: *Aufgabentyp für den „Veränderungsverlierer"*

Ein enger Gestaltungsrahmen wird oft als Abwertung erlebt. Unterfordert die Führungskraft diesen Mitarbeitertyp durch eine geringfügige oder minderwertige Aufgabenstellung, verstärkt sich das Gefühl unterschätzt zu werden. Diese Menschen brauchen fordernde Aufgaben mit breitem Gestaltungsrahmen, die ihrer hohen Leistungsfähigkeit Rechnung tragen. Denn die Anerkennung aus der Arbeit ist oft stark defizitär. Nur durch eine den Fähigkeiten angemessene Aufgabe mit entsprechendem Schwierigkeitsgrad und hoher Wichtigkeit, kann die Grundlage für Anerkennung geschaffen werden, die der Veränderungsverlierer positiv wahrnimmt.

Kontrollverhalten der Führungskraft

Der Veränderungsverlierer dürstet nach ehrlicher Anerkennung. Gemäß unserem Führungsmodell ist Kontrolle die Quelle für Anerkennung. Deshalb sollte die Führungskraft häufig und regelmäßig kontrollieren. Widerstehen Sie als Führungskraft gerade bei diesem Mitarbeitertyp der Versuchung, gegangene Wege innerhalb des vereinbarten Rahmens zu verbessern! Damit erlischt der Funken Motivation, den die fordernde Aufgabenstellung gebracht hat. Fachen Sie stattdessen den Funken an, indem Sie den Mitarbeiter anerkennen und ihm das Gefühl geben, gebraucht zu werden. Dann ist ein loderndes Feuer der Begeisterung auch da möglich, wo vorher Kälte geherrscht hat.

Potenzialüberlegung

Bei diesem Mitarbeitertyp bleibt viel Potenzial ungenutzt. Die hohe Befähigung ermöglicht hohe Leistung, die jedoch vom Veränderungsverlierer vorenthalten wird und dem Unternehmen verloren geht. Außerdem werden hier oft überdurchschnittlich hohe Gehälter bezahlt, die die Führungskraft oft auch aus wirtschaftlichen Erwägungen heraus zwingen, sich diesem Mitarbeitertyp zügig zu widmen.

Es sind sogar Fälle beobachtet worden, wo Veränderungsverlierer ihr Beziehungsgeflecht genutzt haben, um gezielt Sand ins Getriebe zu streuen. Veränderungsprozesse werden verdeckt und gleichzeitig sehr treffsicher torpediert, gerade auch dann, wenn die Verantwortlichen sich vermeintlich auf Kosten des Veränderungsverlierers entwickelt haben.

Diesen Mitarbeitertyp dauerhaft zu mehr Leistung zu führen, ist eine weitere A-Aufgabe der Führungskraft. Menschen, die bewusst auf die Bremse treten, um vielleicht sogar Enttäuschungen zu rächen, schaden der Gesamtorganisation. Doch wer auf seine Bremse tritt, der hat auch sein Gaspedal in Reichweite. Hier ist eine Veränderung der Einstellung erforderlich, die eine gute Führungskraft bewirken sollte.

Risiken in der Führungspraxis

Mitunter nutzen diese Menschen ihren Einfluss, um die Leistungsbereitschaft anderer negativ zu beeinflussen. Gerade auch, wenn eine Führungskraft das Verhalten eines Veränderungsverlierers zeigt, weitet sich die geringe Leistungsbereitschaft über die Vorbildfunktion sehr schnell über den gesamten Verantwortungsbereich aus.

Wenn an dieser Stelle der Vorgesetzte der Führungskraft nichts mitbekommt oder verspätet reagiert, wird aus dem Feuer in Windeseile ein Flächenbrand. Die Führungskraft wirkt als Bremsklotz, statt leistungsfördernd und motivierend. Hier gilt es an alle Führungskräfte zu appellieren:

Nehmen Sie die Rolle der Führungskraft verantwortet wahr. Alle Ihre Einstellungen und Verhaltensweisen duplizieren sich in Ihrem Verantwortungsbereich.

Chancen in der Führungspraxis

Gelingt es der Führungskraft, die brachliegenden Reserven des Veränderungsverlierers nachhaltig zu aktivieren, wird der gesamte Verantwortungsbereich wesentlich leistungsfähiger. Kann dieser Mitarbeitertyp davon überzeugt werden, seine Leistungsbereitschaft zu steigern, steht sofort ein echter Leistungsträger zur Verfügung. Die Entwicklung der Leistungsfähigkeit ist dem gegenüber deutlich zeitaufwändiger.

Die nächsten Schritte

Die Führungsarbeit setzt von Seiten der Führungskraft ein hohes Maß an Vertrauen in die wachsende Leistungsbereitschaft des Veränderungsverlierers voraus. Weil zur Entwicklung des Mitarbeiters geeignete Aufgaben hohe Bedeutung haben, sind Fehlschläge für Unternehmen und Führungskraft dramatisch, sie wirken sich auf die Beziehungen der Beteiligten oft als herbe Tiefschläge aus. Manche Arbeitsbeziehung braucht Jahre, um sich von einer solchen Erfahrung zu erholen. Deshalb ist es an dieser Stelle besonders ratsam, sorgfältig zu führen und die einzelnen Schritte mit dem Mitarbeiter abzustimmen.

Reagieren Sie unverzüglich, wenn Sie einen Leistungsabfall bemerken.

Nachlassende Bereitschaft ist oft auch ein Signal des Mitarbeiters an seine Führungskraft. Oft wird der Wunsch nach Anerkennung und Wertschätzung bekundet. Sie als Führungskraft sollten diese Botschaft frühzeitig wahrnehmen und durch Aufmerksamkeit der Person und ihren Aufgaben gegenüber die Leistungsbereitschaft des Mitarbeiters erhalten.

Wenn es organisatorische Veränderungen im Verantwortungsbereich gibt, beteiligen Sie von Beginn an möglichst große Teile des Personals, um die Akzeptanz innerhalb der Belegschaft zu erhöhen.

> Beteiligung schafft Akzeptanz und Identifikation.

Die Kunst ist es, Veränderungen so zu managen, dass wenig Enttäuschung entsteht. Enttäuschung entwickelt sich immer dann, wenn eine Erwartung nicht erfüllt wird. Viele Veränderungsmanager neigen leider dazu, mit überhöhten Erwartungen zu motivieren und schaffen damit den Nährboden, auf dem eine enttäuschte Belegschaft wächst.

Zwar scheinen diesen Managern die anfänglichen Motivationserfolge Recht zu geben, denn Mehrbelastung zu Beginn eines Veränderungsprozesses wird oft als Preis für die erwartete Entlastung verkauft. „Wir gehen gemeinsam durch die Hölle, dann wartet das Paradies auf uns,“ lautet oft eine gelebte Annahme. Damit ist es leicht, Menschen mit sehr hohen Erwartungen vor den Veränderungskarren zu spannen. Und es entwickeln sich meist ungeahnte Zugkräfte, denn die Menschen legen sich richtig ins Geschirr.

Die Probleme fangen dann an, wenn das Paradies nicht kommt und die Hölle bleibt.

> Arbeiten Sie mit realistischen Erwartungen an den Veränderungsprozess und an das angestrebte Ergebnis.

Werden die Erwartungen nicht erfüllt und entpuppt sich das Ganze gar als Strategie, lässt die Motivation schlagartig nach, und das Vertrauen zwischen Führungskraft und Mitarbeitern ist belastet oder schwindet sogar vollkommen.

Leider wurden diese Grundsätze in der Vergangenheit oft missachtet, und es gibt schätzungsweise fünf – zehn Prozent Veränderungsverlierer im Personalbestand. Auch diese Menschen gilt es zu führen. Machen Sie Ihre nächsten Schritte mit dem Veränderungsverlierer davon abhängig, wie arbeitsfähig Ihre Beziehung zu diesem Mitarbeiter ist.

Gehen wir im Folgenden davon aus, dass die Beziehung erst in die Arbeitsfähigkeit geführt werden muss. Geben Sie dem Mitarbeiter zunächst Anerkennung für das, was er tut. Bestätigen Sie ihn in seiner hohen Leistungsfähigkeit und sagen Sie ihm, dass er mit seinen Kenntnissen im Unternehmen gebraucht wird. Verzichten Sie in dieser Phase der Anerkennung auf Zielsetzungen oder gar Kritikgespräche. Ausschließliches Ziel ist es, durch Anerkennung die Beziehung tragfähiger werden zu lassen. Nehmen Sie sich ruhig acht oder zehn Wochen Zeit, um Aufwertungen zu geben.

In der nächsten Phase werden kleine Veränderungen als Wunsch formuliert: „Herr Mayer, ich wünsche mir von Ihnen, dass …“. Auch in dieser Phase bleiben Sie weiter wertschätzend. Fordern Sie den Kollegen, indem er seine hohen Fähigkeiten einbringt. Erkennen Sie die Leistungen während Ihrer Kontrollen an. Positive Erfahrungen stärken die Beziehung weiter und geben dem Mitarbeiter das Gefühl, seine Fähigkeiten entfalten zu können und gebraucht zu werden.

Achten Sie beim Design der Aufgabe auf folgende Punkte:

- Sichtbare oder sogar öffentlichkeitswirksame Erfolge sollten sich schnell einstellen. Dieser „early success“ ist wichtig, um die Motivation des Veränderungsverlierers wachsen zu lassen.
- Definieren Sie den Rahmen so verbindlich wie möglich. Bieten die Rahmenbedingungen Spielraum für Interpretationen, rechnen Sie damit, dass der Veränderungsverlierer diesen zu seinen Gunsten nutzen wird.
- Veränderungsverlierer neigen zu Rückdelegationen. Um diesem Verhalten vorzubeugen, sollte der Mitarbeiter die Aufgabe ausdrücklich annehmen und Ihnen gegenüber bekunden, dass er die notwendige Zeit zur Verfügung hat.

Diese Delegation hat nur vordergründig das Ziel, die Aufgabe durch den Mitarbeiter erledigen zu lassen. Viel wichtiger ist die gute Führungserfahrung in der Zusammenarbeit mit Ihnen. Die Aufgabe ist nur Vehikel, um die Leistungsbereitschaft des Mitarbeiters zu steigern.

2.4 Mitarbeitertyp: Der Vermeider

Leistungsfähigkeit	niedrig
Leistungsbereitschaft	niedrig

Die Kompetenzen des Vermeiders sind gering, die Bereitschaft, von sich aus Leistung zu bringen, ist eingeschränkt. Lernanstrengungen sind dem Vermeider lästig. Die sich wandelnden Rahmenbedingungen des Unternehmens erfordern jedoch eine Anpassung der Kenntnisse. Wer Lernen andauernd vermeidet, baut ab. Hier zeigt sich deutlich die Tragweite des berühmten Vergleiches: Lernen ist wie Schwimmen gegen den Strom. Wer aufgibt, fällt zurück.

Geschichte im Unternehmen

Wenn wir weiterhin voraussetzen, dass die Personalbeschaffung als Firewall der Organisation gute Arbeit leistet, können wir annehmen, dass die Vermeider nicht von außen kommen, sondern innerhalb der Organisation entstehen.

Sehr häufig ist die Vorstufe des Vermeiders der Veränderungsverlierer. Seine mangelnde Bereitschaft bezieht sich nicht nur auf die Leistung, sondern berührt auch die eigene Fort- und Weiterbildung. Die ursprünglich hohe Leistungsfähigkeit des Veränderungsverlierers lässt schleichend nach und es entwickelt sich der Typus des Vermeiders.

Seltener ist, dass der Neue in seiner Leistungsbereitschaft nachlässt und zum Vermeider wird. Ein solcher Leistungsknick ist nicht nur gelegentlich an Schulen zu beobachten, wenn zum Beispiel der Junglehrer verbeamtet worden ist.

Vorübergehend, ist es vielleicht für die Führungskraft tolerierbar, dass spezielle Lebenssituationen zu Leistungseinbußen führen, gerade auch dann, wenn die vorherige Leistung tadellos war. Langfristig jedoch gibt es Geld gegen Leistung, egal in welchem Organisationstyp gearbeitet wird und welchen arbeitsrechtlichen Status der Mitarbeiter hat.

Nimmt sich der Neue in der Leistungsbereitschaft zurück, ist dies oft auf einen Führungsfehler zurückzuführen. Meist fehlte die enge Führung, die der Neue braucht, um sich in der für ihn neuen Organisation zu orientieren. Nachteilige Arbeitsauffassungen konnten aufgenommen werden, weil die Führungskraft selbst nicht genug Einfluss ausübte, und dem Neuen dadurch niedrige Leistungsbereitschaft in der Organisation als Vorbild dienen konnte.

Geeigneter Aufgabentyp

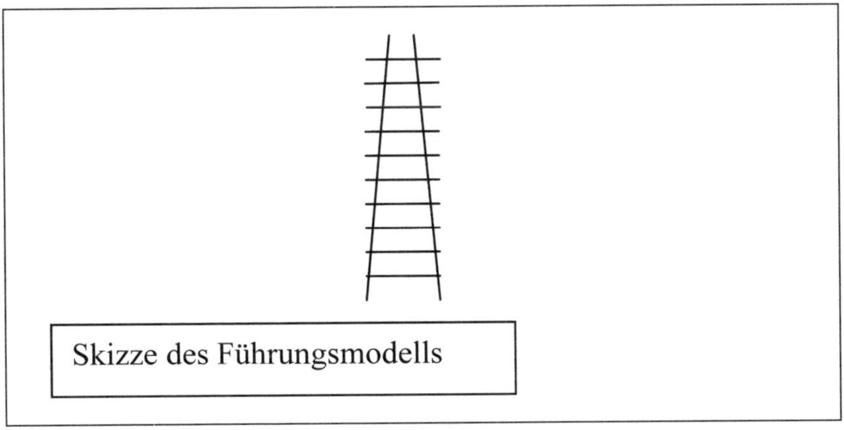

Abbildung 4: *Aufgabentyp für den „Vermeider"*

Geeignet ist eine Aufgabe mit engen Rahmenbedingungen, denn sie dienen hier als klare Orientierungshilfe für einen geringer qualifizierten Mitarbeiter. Der enge Rahmen ist geeignet, um die Aufgabe vorzustrukturieren.

Kontrollverhalten der Führungskraft

Gleichzeitig braucht der Vermeider anfänglich eine sehr hohe Kontrolldichte, weil nur so sichergestellt werden kann, dass sich der Mitarbeiter auf dem Weg zum Ziel bewegt.

Potenzialüberlegung

Bei den ersten beiden Mitarbeitertypen, die wir beschrieben haben, brauchte nur entweder die Fähigkeit oder die Bereitschaft entwickelt zu werden. Beim Vermeider sind beide Bereiche zu entwickeln. Entsprechend aufwändig ist die Führungsarbeit. Wenn Sie sich als Führungskraft dazu entscheiden, den Vermeider zu entwickeln, sollten Sie sich auf einen längeren Weg einstellen.

Risiken in der Führungspraxis

Hier besteht gerade für sehr mitarbeiterorientierte Führungskräfte die Gefahr, sich sehr zeitaufwändig zu engagieren, ohne eine nachhaltige Leistungssteigerung zu erreichen. Zeit, die Sie hier einsetzen, fehlt oft zur Entwicklung der Neuen und der Veränderungsverlierer. Was durch die Arbeit mit den Vermeidern gewonnen wird, geht oft durch mangelnde Führung des ersten und zweiten Typus mehrfach verloren.

Bei zu starker Konzentration der Führungskraft auf die Vermeider kann bei anderen Typen außerdem der Eindruck entsteht, dass der Chef dann Zeit für mich hat, wenn ich wenig leiste. Ein fatales Signal, denn es könnte zur Nachahmung anregen.

Chancen in der Führungspraxis

Wer diesen Menschen eine Chance zur Entfaltung gibt, lebt die Fürsorgepflicht des Arbeitgebers. Das ist allemal fair und anständig. Dieses wohlwollende Verhalten der Führungskraft sollte jedoch kurzfristig zu stärkerem Einsatz und zu höherer Identifikation mit dem eigenen Arbeitsbereich führen. Andernfalls sollten sich die Wege trennen.

Die nächsten Schritte

Oft steht der Entwicklung die mangelnde Bereitschaft des Vermeiders entgegen. Unserer Erfahrung nach ist die Führungsarbeit mit dem Vermeider nur dann erfolgreich und nachhaltig, wenn er selbst seine Leistungsbereitschaft positiv verändert.

Der erste Schritt geht die Leistungsbereitschaft an. Am Beginn der Führungsarbeit steht deutlich die Ansprache des Entwicklungsziels mit dem Mitarbeiter. Sprechen Sie deutlich an, dass das Arbeitsergebnis den Anforderungen nicht entspricht. Ein klares Wort ist hier angebracht, denn der Mitarbeiter soll zweifelsfrei begreifen, dass höhere Erwartungen an ihn und an seine Arbeit existieren, denen er momentan nicht gerecht wird.

Delegieren Sie im Anschluss eine klar umrissene Aufgabe, mit der der Mitarbeiter seine Leistungsbereitschaft unter Beweis stellen kann. Teilen Sie dem Vermeider mit, dass Sie darauf achten werden, mit welchem Engagement er sich der Aufgabe widmet.

Fordern Sie ihn zunächst in seinen bestehenden Fähigkeiten, ohne ihn zu überfordern. Achtung: Dieser Schritt dient dem Vermeider ausschließlich dazu, seine Leistungsbereitschaft unter Beweis zu stellen. Geben Sie Anerkennung für erbrachte Leistungen und seien sie noch so klein. Damit verbessert sich die Beziehung durch die erfolgreiche Zusammenarbeit. Die Aufgabe sollte einen Zeithorizont von nur ein bis zwei Monaten haben, damit sich die Erfolge zügig einstellen.

Hat der erste Schritt die Leistungsbereitschaft erfolgreich wachsen lassen, haben wir einen Mitarbeiter mit hoher Bereitschaft und niedriger Leistungsfähigkeit. Der zweite Schritt dient nun der Förderung der fachlichen, sozialen und methodischen Leistungsfähigkeit. Dieser Reifegrad des Mitarbeiters entspricht dem Fall I des Neuen und wir haben bereits geschildert, wie dieser Typus erfolgreich geführt werden kann.

Es kann nicht oft genug betont werden: Achten Sie darauf, dass der Vermeider bereits nach kurzer Führungsarbeit sichtbare Veränderungen zeigt. Andernfalls besteht die Gefahr (auch in der Wahrnehmung von Dritten), dass Ihre ohnehin knappe Führungsressource nicht effektiv eingesetzt wird.

Sollte sich die Leitungsbereitschaft nicht kurzfristig und spürbar steigern lassen, liegt es nahe, sich von diesem Mitarbeiter zu trennen. Sollte sich das Arbeitsverhältnis nicht auflösen lassen, gilt es zumindest, die Führungsressource von dieser Person abzuziehen.

Die Erfahrung zeigt leider, dass sich manche Führungskräfte in der Vergangenheit darauf verlassen haben, dass das Team die Defizite Einzelner schon auffängt. Die Bereitwilligen haben kollegial für die Lustlosen mitgearbeitet. Diese Auffangfunktion wird zukünftig in vielen Organisationen stark eingeschränkt sein. Hierfür gibt es mehrere Gründe:

1. Die Aufgabendichte ist so hoch, dass es kaum noch Puffer gibt, um Nichtleistungen von Kollegen aufzufangen. Leistungsdefizite werden viel schonungsloser aufgedeckt als in der Vergangenheit.

2. Vermehrt werden Gehaltsanteile nicht nur an die eigene Leistungsfähigkeit gekoppelt, sondern auch an die Leistungsfähigkeit des Teams oder des gesamten Unternehmens. Gruppenmitglieder sind deshalb weniger bereit, die Leistungsdefizite anderer durch verdeckte Mehrarbeit auszugleichen und zusätzlich dafür auch noch Einkommensnachteile hinzunehmen.

Daraus folgt, dass der Erwartungsdruck auf die Leitenden zunimmt. Mitarbeiter fordern von ihren Führungskräften, dass unterdurchschnittliche Leistungen geahndet werden und sich dem herrschenden Leistungsniveau annähern.

An dieser Stelle wird eine Führungskraft erwartet, die klare Leistungsstandards setzt und es auch versteht diese durchzusetzen.

2.5 Mitarbeitertyp: Der Leistungsträger

Leistungsfähigkeit	hoch
Leistungsbereitschaft	hoch

Der Leistungsträger ist der „Macher“ im Personal. Er hat exzellente Fähigkeiten und ist bestrebt, diese selbst auszubauen. Er ist bereit, Aufgaben zu übernehmen und arbeitet sie qualitativ hochwertig und zügig ab. Dieser Mitarbeitertyp steht auch für freiwillige Aufgaben zur Verfügung. Besonders interessiert ist er, wenn die Aufgabe öffentlichkeitswirksam ist. Dieser Mitarbeitertyp legt Wert auf seinen Status und sucht Aufgaben, die seine herausgehobene Rolle als Experte fundamentieren.

Mitunter wird der Leistungsträger von seiner Führungskraft als Bedrohung wahrgenommen. Dieses latente Misstrauen belastet die Arbeitsbeziehung und erschwert die Delegation anspruchsvoller Aufgaben.

Geschichte im Unternehmen

Der Leistungsträger blickt auf eine mehrjährige Geschichte im Unternehmen zurück. Er hat die Zeit genutzt, ein sehr wirksames Netzwerk aufzubauen, das oft weit über das Unternehmen hinaus reicht. Der Leistungsträger verpflichtet sich die Menschen in seiner Umgebung. Seine Kenntnisse machen es ihm leicht, andere zu unterstützen. Die Dankbarkeit seiner Umgebung nutzt er, wenn dafür die Zeit reif ist. Vielfach gibt es Förderer ganz oben in der Unternehmenshierarchie und er selbst ist gelegentlich auch als Förderer aktiv.

Geeigneter Aufgabentyp

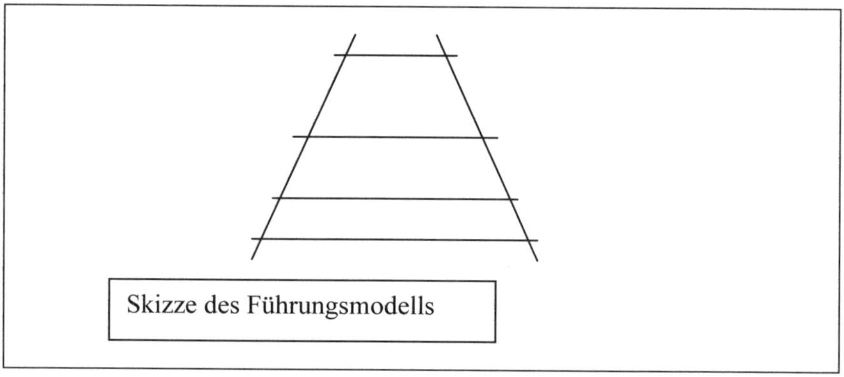

Abbildung 5: *Aufgabentyp für den „Leistungsträger"*

Der Leistungsträger erwartet einen breiten Gestaltungsrahmen, andere Aufgaben interessieren ihn nicht oder nur wenig. Er ist zu begeistern durch die Leitung interessanter Projekte. Diese Arbeitsform wird oft gewählt bei einem einzigartigen Auftrag, der in einem fachübergreifenden Team bearbeitet wird. Damit wird reizvolles Neuland betreten, das den Leistungsträger fordert.

Oft entwickelt sich der Leistungsträger zu einer guten Führungskraft. Zwar neigt er dazu, seine eigenen hohen Leistungsansprüche auf das Personal zu übertragen und es damit gelegentlich zu überfordern. Doch lernt er schnell, Menschen für sich zu gewinnen und sie ihren Fähigkeiten entsprechend einzusetzen.

Repräsentative Aufgaben reizen den Leistungsträger ebenfalls, solange er sich weiterhin nahe am Zentrum befindet und ihn wichtige Informationen schneller erreichen als andere. Gelegentlich haben die Aufgaben des Leistungsträgers auch einen hohen politischen oder unternehmens-politischen Stellenwert.

In der Rolle des internen Beraters fühlt er sich auch sehr wohl, denn hier kann er sein breites Fachwissen nutzen und arbeitet in einem Rollensetting, dass ihm Überlegenheit zuspielt.

Kontrollverhalten der Führungskraft

Die Führungskraft eines Leistungsträgers kontrolliert meist wenig, denn sie weiß, dass die Arbeiten sehr gut erledigt werden. Außerdem besteht oft die latente Angst, dass sich Leistungsträger durch Kontrollen gegängelt fühlen, es als Abwertung und Misstrauen wahrnehmen und sich zurückziehen.

Wird wenig kontrolliert, besteht natürlich auch wenig Möglichkeit zur Anerkennung der Leistungen. Zwar sind Leistungsträger oft von innen heraus motiviert. Doch fehlt die Anerkennung des Vorgesetzten gänzlich, besteht die Gefahr, dass die Leistungsbereitschaft abnimmt.

Potenzialüberlegung

Das Leistungspotenzial dieser Gruppe ist gering, denn diese Mitarbeiter leisten bereits nahe ihrer Leistungsgrenze. Zusätzliche Leistungen sind von dieser Personengruppe daher nicht zu erwarten. Die Führungskraft trifft bei diesem Mitarbeitertyp meist auf offene Ohren, gerade wenn es um attraktive Aufgaben geht. Der Leistungsträger arbeitet auch ohne ständige äußere Anreize nahe seiner Leistungsgrenze. Er neigt dazu, sich selbst zu begeistern, bis er lichterloh brennt und eventuell sogar ausbrennt. Viele der vom Burnout Betroffenen erkennen sich hier wieder.

Das Ergebnis des Unternehmens ist maßgeblich auf das hohe Engagement der Leistungsträger zurückzuführen. Fallen diese Macher durch Krankheit aus, ist die Leistung der gesamten Unternehmung gefährdet. Deshalb sollte die Führungskraft des Leistungsträgers akzeptieren, dass zusätzliche Leistung nicht bei den Leistungsträgern eingefordert werden kann. Gleichzeitig sollte sich der Vorgesetzte auf Neue, Veränderungsverlierer und Mitmacher konzentrieren, wenn es darum geht die Gesamtleistungsfähigkeit des Verantwortungsbereiches kurzfristig zu steigern.

Risiken in der Führungspraxis

Neben dem Risiko des Ausbrennens der Leistungsträger bestehen weitere Gefahrenbereiche. Häufig sind zum Beispiel delegierbare Aufgaben mit breiten Rahmenbedingungen nicht in dem Maße vorhanden, wie sie erforderlich wären, um die Leistungsträger bei Laune zu halten. In der Praxis löst die Führungskraft dieses Problem gelegentlich sehr elegant: Es werden strategische Aufgaben übertragen. Zum Beispiel könnte ein Gutachten darüber erstellt werden, ob sich ein Engagement auf dem brasilianischen Markt lohnt. Diese Nice-to-have-Aufgaben sind zwar oft reizvoll, stiften jedoch kaum Mehrwert in der gegenwärtigen Situation. Es wird eine Baustelle eingerichtet, nicht weil man bauen will, sondern weil man den Bauleiter beschäftigen muss.

Ein weiteres Risiko besteht darin, dass aktive Leistungsträger die Aufgaben mit den breiten Rahmenbedingungen aufsaugen. Damit fehlt es an Aufgabenstellungen, die geeignet sind andere Mitarbeitertypen zu fördern. Die Konsequenz sind dramatisch ungleich verteilte Fähigkeiten im Personal. Damit koppeln die Leistungsträger die Kollegen leistungsmäßig ab.

Viele Leistungsträger schaffen diese ungleich verteilten Fähigkeiten sogar bewusst, um ihre herausragende Rolle weiter zu stärken. Wird dieser Bündelung von Fähigkeiten in den Händen weniger von Seiten der Führungskraft nicht entgegengewirkt, entsteht sogar in hohem Maße eine Abhängigkeit der Führungskraft vom Leistungsträger.

Wenn der Führungskraft diese Abhängigkeit bewusst wird, wächst die Angst vor dem Ausscheiden des Leistungsträgers. Oft wird dieser Mitarbeitertyp dann klein gehalten und mehr und mehr an die Peripherie des Unternehmens gedrängt. Dadurch fehlen dann die wichtigen anspruchsvollen Aufgaben und es beginnt eine schleichende Frustration. So kann aus einem Leistungsträger binnen weniger Monate ein leistungs-unwilliger Veränderungsverlierer werden.

> Dringende Aufgaben bekommt der Mitarbeiter, der sie am Besten bearbeiten kann. Nicht dringende Aufgaben bekommt der, der durch die Aufgaben einen den Unternehmenszielen dienlichen Lernfortschritt erzielt. Die Kunst besteht darin, hinreichend viele Aufgaben in einem nicht dringlichen Status zu delegieren.

Ein zusätzliches Risiko für die Führungspraxis stellt auch die (unternehmens-) politische Dimension mancher Aufgaben des Leistungsträgers dar. Wer schon einmal politisch aktiv war, hat es vielleicht schon selbst hautnah erlebt: Man steht zwar mit politischen Aufgaben im Rampenlicht und erlebt viel Anerkennung durch den Umgang mit wichtigen Persönlichkeiten. Gleichzeitig ist man jedoch auch der wechselhaften Schnelllebigkeit des politischen Geschäftes ausgeliefert. Was heute noch mit Nachdruck gefordert wird, ist morgen nur noch Schall und Rauch. Dadurch kann sich beim Leistungsträger unter die ursprünglich hohe Motivation mehr und mehr Frustration mischen, die dann seine Leistungsbereitschaft negativ beeinflusst.

Chancen in der Führungspraxis

Der Leistungsträger ist im hohen Maße für die Leistung der Abteilung verantwortlich. Ziel der Führungsarbeit ist es diese hohe Leistung zu erhalten. Pflegen Sie deshalb die Beziehung. Hier kommen beispielsweise Incentives zum Einsatz. Außerdem zeigen Sie sich von Ihrer freundschaftlichen Seite. Leistungsträger schätzen den privaten Kontakt zu ihren Führungskräften.

Delegieren Sie Aufgaben, durch die sich der Leistungsträger in Feldern beweisen kann, die bisher noch nicht zu seinen Stärken gehören. Fördern Sie ihn über den eigenen Verantwortungsbereich hinaus und integrieren Sie ihn in Ihr eigenes Netzwerk.

Die nächsten Schritte

Hier bieten sich Chancen, die Sie als Führungskraft nutzen sollten. Vereinbaren Sie klare Entwicklungsziele auf Sicht von zwei bis drei Jahren. Verschaffen Sie dem Leistungsträger die Aufgaben aus Ihrem Portfolio, die seine Fähigkeiten gezielt erweitern. Dadurch kann der Leistungsträger Sie deutlich entlasten.

Gleichzeitig werden andere Tätigkeiten aus seinem Aufgabenkatalog herausgelöst, die jetzt dazu dienen die Neuen und die Veränderungsverlierer zu fördern. Andere Mitarbeitertypen anleiten, kann ein lohnendes Ziel für einen Leistungsträger sein, denn dadurch kann er sich auf die Rolle der Führungskraft vorbereiten. Damit bilden sich automatisch Fähigkeiten in der Belegschaft, die bisher nur beim Leistungsträger geparkt waren. Die Abhängigkeit der Abteilung von speziellen Engpassqualifikationen des Leistungsträgers nimmt ab. Damit kann er aus der Abteilung heraus wachsen, ohne eine klaffende Wunde zu hinterlassen, die die Arbeitsfähigkeit der Abteilung negativ beeinflusst. Nochmals:

> Delegieren Sie die Aufgabe nicht an denjenigen, der sie am schnellsten erledigt, sondern an denjenigen, der durch die Bearbeitung der Aufgabe den besten Lernfortschritt erzielt.

Zwar kann dieser Grundsatz bei dringenden Aufgaben manchmal nachrangig sein. Jedoch bedeutet dies, dass die jeweilige Organisation keine Zeit zum Lernen hat. Sollte dieser Zustand längerfristiger anhalten, können die Folgen fatal sein, denn die Anpassung an sich ändernde Rahmenbedingungen ist gestört oder findet überhaupt nicht statt.

Bereiten Sie den Leistungsträger darauf vor, Ihren Verantwortungsbereich zu verlassen. Ebnen Sie diesem Mitarbeiter durch ein exzellentes Zeugnis und Empfehlungen den Weg. Damit wird er ein dankbares Mitglied Ihres eigenen Netzwerkes. Eine intensive Verbindung entsteht, die – entsprechend gepflegt – später einmal auch für Sie nützlich sein kann.

2.6 Mitarbeitertyp: Der Mitmacher

Leistungsfähigkeit	mittel
Leistungsbereitschaft	mittel

Der Mitmacher ist der Mitarbeiter mit den befriedigenden Leistungen. Er entspricht voll und ganz den Anforderungen, ohne Herausragendes zu leisten. Dieser Typus ist wenig eigeninitiativ, unterstützt jedoch gerne, wenn er gefragt wird. Seltenheitswert haben seine Verbesserungs-vorschläge und er bleibt gerne im Hintergrund, öffentliche Auftritte überlässt er am liebsten anderen. Er setzt gerne in guter Qualität um, was andere planen.

Geschichte im Unternehmen

Der Mitmacher ist meist sehr lange dabei, er hat vielleicht sogar seine Ausbildung im Betrieb gemacht, denn er liebt seine gewohnten Strukturen und wechselt daher nicht gerne. Eine Veränderung innerhalb des Unternehmens überlegt er sich sehr reiflich, weil er gewohnheitsmäßig vor den Risiken zurückschreckt und die Chancen als unrealistisch einschätzt. Daraus folgt, dass der Mitmacher sein Geschäft meist schon jahrelang routiniert macht und entsprechend gut beherrscht.

Der Mitmacher mag seine Routine. Er bevorzugt wiederkehrende Aufgaben, bei denen er gute Leistungen bringen kann, ohne Fehler zu riskieren. Der Gestaltungsrahmen kann auch weiter sein, wenn bei der erstmaligen Bearbeitung eine enge Betreuung erfolgt. Gut strukturierte Aufgaben, die sich präzise bearbeiten lassen, sind ihm jedoch deutlich lieber. Checklisten und Ablaufpläne sind Werkzeuge, die der Mitmacher gerne einsetzt.

Geeigneter Aufgabentyp

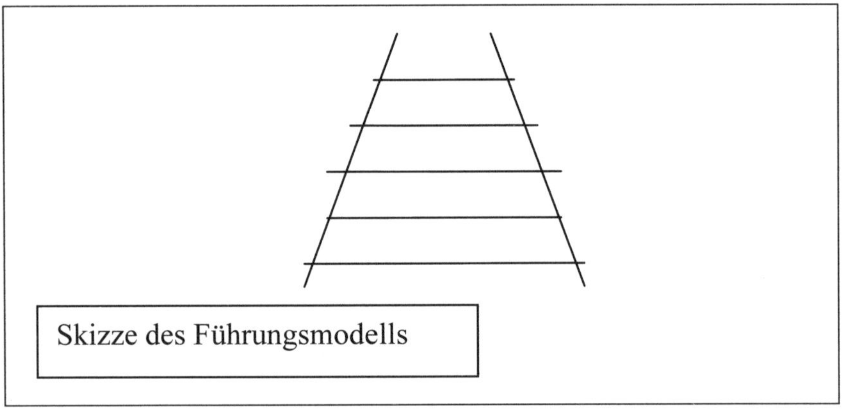

Abbildung 6: *Aufgabentyp für den „Mitmacher"*

Kontrollverhalten der Führungskraft

Führungskräfte neigen dazu, diesen Typus kaum zu kontrollieren, denn der Mitmacher hat den Ruf, dass die Qualität seiner Arbeit den Anforderungen entspricht. Der Mitmacher neigt eher dazu, Aufgaben an den Chef rückzudelegieren, wenn sie schwierig werden. Aus Angst vor Fehlern sichert er sich beim Vorgesetzten ab, statt den eingeschlagenen Weg selber zu verantworten.

Potenzialüberlegung

Fähigkeiten und Bereitschaft sind entfaltbar. Leider versperren diesem Typus zwei Hürden den Weg zur eigenen Entwicklung:

1. Seine Angst vor Fehlern hemmt die Übernahme von Verantwortung. Dadurch wirkt er oft unselbständig und unsicher.

2. Jahrelange Routine schränkt die Lernbereitschaft ein und schafft Angst vor Veränderungen. Gerade bei Organisationen mit sich beschleunigendem Entwicklungstempo wirkt diese Eigenschaft als Hemmschuh.

Damit ergeben sich zwei Ansatzpunkte für die Entwicklung des Potenzials dieses Typs:

1. Häufig herrscht eine Fehlerkultur vor, die Schuldige bestraft. Dies fördert Mitarbeiter, die sich mehrfach absichern und möglichst Verantwortung anderen überlassen. Verantwortungsbereitschaft und vor allem deren Steigerung wird nachhaltig durch lernorientierten Umgang mit Fehlern. Identifizieren Sie die Fehlerquelle und lassen Sie sie dann durch den Mitarbeiter eigenverantwortlich trockenlegen. Außerdem vereinbaren Sie Ziele, die kurzfristig erreicht werden können. Damit lernt der Mitarbeiter, Verantwortung zu übernehmen und macht gute Erfahrungen im Umgang mit Ihnen. Das Selbstvertrauen wächst und bildet die Grundlage für größere Aufgaben, die auf den Mitarbeiter warten.
2. Der nächste Ansatzpunkt zur Entwicklung des Mitmachers betrifft seine Veränderungsfeindlichkeit. Große Veränderungen mit Kurskorrekturen von 70 Grad und mehr erzeugen Aversionen und treiben den Mitmacher leider in den Widerstand.

> Fordern Sie kleinere Veränderungen von circa fünf Grad ein bei gleichzeitiger Wertschätzung von 355 Grad.

Meist kann diese Veränderung leicht vollzogen werden und gibt positive Veränderungserfahrungen, die Sie als Führungskraft herausstellen können. Die 355 Grad Wertschätzung sorgen parallel dazu für eine verbesserte Beziehung.

> Anerkennung macht die Beziehung zum Mitarbeiter tragfähiger.

Sollten Sie die Erfahrung machen, dass auch diese fünf Grad Kursänderung bei dem Mitarbeiter Widerstände auslösen, wertschätzen Sie zunächst, ohne Veränderungen zu bewirken. Praktizieren Sie dieses Verhalten über einige Wochen, werden Sie feststellen, dass sich die Beziehung nachhaltig verbessert. Beachten Sie hierzu auch unsere Ausführungen zur wertschätzenden Fallschirmtechnik in Kapitel 6: Wege zur Motivation anderer Menschen.

Viele Führungskräfte wissen, dass Anerkennung Dünger für die Beziehungsebene zum Mitarbeiter ist. Dennoch wird dieses Wissen nur von wenigen Vorgesetzten in der Praxis angewendet. Dies ist besonders bedauerlich, weil sich durch dieses einfache Instrument leicht Leistungssteigerungen erzielen lassen.

Risiken in der Führungspraxis

Bleibt das Arbeitsumfeld des Mitmachers berechenbar und gut strukturiert, kann dieser Mitarbeiter über Jahre gute Leistungen bringen. Aus der oben dargestellten Veränderungsfeindlichkeit ergeben sich erst dann Schwierigkeiten, wenn unvermeidbare Veränderungen den Mitmacher verängstigen. Er hat oft nicht gelernt, sich auf wechselnde Bedingungen einzustellen. Es fehlt die Erfahrung, dass eine Veränderung vom ihm erfolgreich bewältigt werden kann. Deshalb widersetzt er sich Veränderungen oftmals.

Diese Menschen klammern sich krampfhaft an den Ist-Zustand, statt mit dem gleichen Aufwand an Energie und Zeit den Veränderungsprozess kraftvoll zu gestalten. Hier ist viel Fingerspitzengefühl der Führungskräfte gefragt. Nehmen Sie die Bedenken und Vorbehalte Ihrer Mitarbeiter ernst.

> Wer sich in seinen Ängsten gewürdigt fühlt, baut das Vertrauen in seine Führungskraft und in den Veränderungsprozess auf.

Chancen in der Führungspraxis

Auch hier liegen reiche Leistungsreserven brach, zumal der prozentuale Anteil der Mitmacher an der Gesamtbelegschaft relativ hoch ist. Führungskräfte, die diese Baustelle angehen, haben schnell Erfolg, denn die Leistungsfähigkeit dieser Personengruppe ist gut erprobt, sie sind in ihren Stammbereichen gut einsetzbar. Die guten Erfahrungen aus diesen Bereichen lassen sich leicht für andere Bereiche nutzen, sofern der Mitmacher Schritt für Schritt an die neuen Aufgaben herangeführt wird.

Betreuen Sie diesen Mitarbeitertyp sehr eng, wenn wichtige Veränderungen anstehen, denn mit Führungszeit, die Sie hier einsetzen, werden Sie schnell eine reiche Ernte einfahren.

Die nächsten Schritte

Das Verhältnis von eingesetzter Führungszeit zu erzielter Leistungssteigerung ist hier sehr positiv, weil diese Personengruppe auf Führungsimpulse zeitnah reagiert. Deshalb sollten Sie hier vorrangig beginnen, Leistungssteigerungen in Ihrem Verantwortungsbereich zu bewirken.

Delegieren Sie Aufgaben, die kurzfristig Erfolgserlebnisse sicherstellen. Dadurch erleichtern Sie diesem Typus die Übernahme von Verantwortung. Die anfänglich zaghaften Schritte des Mitmachers sollten Sie sehr dicht begleiten, bis sich Sicherheit bei ihm einstellt.

Unterscheiden Sie Nachfragen von Rückdelegationen. Fragt der Mitarbeiter nach Unterstützung, stehen Sie zur Verfügung und bieten Sie entsprechende Hilfe an. Sollte der Mitmacher jedoch versuchen, Verantwortung an Sie zurückzudelegieren, machen Sie ihn darauf aufmerksam, dass er selbst die Verantwortung trägt und auch tragen kann.

2.7 Die Mitarbeitertypen im Karriereverlauf

Die meisten Karrieren starten im Unternehmen in der Position des Neuen. Arbeitet der Mitarbeiter unter günstigen Bedingungen, nimmt seine Leistungsfähigkeit zu und er wandelt sich zum Leistungsträger. Diese Phase ist oft verbunden mit Hoffnungen und Fantasien zu noch Größerem. Manchmal werden diese (über-)hohen Erwartungen enttäuscht, weil die Mitarbeiter nicht wie erhofft aufsteigen. Oft lösen diese Enttäuschungen reduzierte Leistungsbereitschaft aus und es entwickeln sich Veränderungsverlierer. Dieser Typ hat Schwierigkeiten, die ursprünglich hohe Kompetenz aktuell zu halten, und fällt dadurch in seiner Leistungsfähigkeit zurück. Schleichend, fast unbemerkt entsteht ein Vermeider, der oft den Anschluss an das betriebliche Geschehen verloren hat.

Der Mitmacher schaut sich oft das Auf und Ab der Kollegen aus der Beobachterperspektive an. Dabei ist er immer auch selbst den Entwicklungen ausgesetzt und er verändert, je nach Erfahrungen, sein Verhalten.

Die Führungskraft besitzt im Umgang mit jedem Typ Instrumente, um die Potenziale der Mitarbeiter auszuschöpfen. Setzen Sie frühzeitig an, um Leistungsfähigkeit und -bereitschaft zu fördern.

Auch aus dem Fürsorgegedanken gegenüber dem Mitarbeiter kann abgeleitet werden, dass Sie ihm die Chance geben müssen, seine eigenen Potenziale zu entfalten. Denn nur ein Mitarbeiter, der in hohem Maße Mehrwert schafft, kann seine berufliche Entwicklung mit viel Selbstbestimmung gestalten.

3. Kritik als Führungsinstrument

3.1 Ziel des Kritikgespräches

Ein Kritikgespräch findet statt, wenn ein Regelverstoß vorliegt und der Kritisierte sein Verhalten an die Regel anpassen soll. Ziel ist es, dass der Kritisierte in die Lage versetzt wird, sein Verhalten in Zukunft regelgerecht zu gestalten. Dabei ist darauf zu achten, weder primär die Schuldfrage zu klären, noch Fehler zu brandmarken.

Ein Kritikgespräch ist immer eine knifflige Situation und eine Nagelprobe für die Arbeitsatmosphäre. Hier erweist sich, ob das Verhältnis zwischen Führungskraft und Mitarbeiter durch gemeinsame Erfahrungen so tragfähig wurde, dass auch dieses Gespräch erfolgreich bewältigt werden kann. Erleben die Beteiligten auch während solcher Belastungsproben gegenseitiges Verständnis und Verlässlichkeit, wird das Kritikgespräch zu einem wichtigen Baustein für ein noch tragfähigeres Fundament, das die Arbeitsebene weiter stärkt.

Wir gehen im Folgenden zunächst davon aus, dass die Führungskraft Kritik am Mitarbeiter übt. Über die hohe Kunst eines Kritikgespräches mit vertauschten Rollen geben wir anschließend im Rahmen dieses Kapitels noch wichtige Informationen und Verhaltensanregungen.

3.2 Angst vor dem Kritikgespräch

Es liegt im Wesen dieses Gespräches, dass Führungskraft und Mitarbeiter besonders gefordert sind. Oft haben beide Beteiligte sogar Angst vor dem Kritikgespräch. Die Führungskraft ist furchtsam wegen möglicher Leistungsrücknahmen des Mitarbeiters, die als Folge des Kritikgespräches drohend am

Horizont vermutet werden. Der Mitarbeiter befürchtet weitere negative Folgen für sein Arbeitsverhältnis, die sogar existenzbedrohenden Charakter annehmen können. Mitunter löst ein Kritikgespräch auch Schuldgefühle aus, Autoritätserfahrungen werden wachgerüttelt und der Machteinsatz des Vorgesetzten verursacht Unterlegenheitsgefühle.

3.3 Der Kritikstau und seine Folgen

Der Begriff Kritikstau bedeutet, dass es in Organisationen viele Regelverstöße gibt, die jedoch nicht kritisiert werden und sich aufstauen, weil die Verantwortlichen

1. nicht kontrollieren und deshalb unwissend sind oder
2. das erforderliche kommunikative Werkzeug nicht beherrschen und deshalb dem Gespräch ausweichen.

Aufgrund der Angst vor dem Kritikgespräch ist es leider ein beliebtes Verhalten der Führungskraft, die Augen vor dem Kritikpunkt so lange zu verschließen, bis der Regelverstoß untragbar geworden ist. Mit der Zeit ist aus dem Problemchen ein faustdickes Problem geworden und der Mitarbeiter hat sich vielleicht schon an sein Fehlverhalten gewöhnt. Kollegen, andere Führungskräfte oder gar die Kunden des Unternehmens beschweren sich vielleicht schon über das Verhalten des Mitarbeiters. Jetzt erfordert die ernste Sachlage leider dort großkalibrige Munition, wo bei rechtzeitiger Reaktion das Ziel auch ohne die Abgabe eines einzigen Schusses erreicht worden wäre.

Kritikgespräche werden aufgeschoben und verzögert. Als unangenehme Nebenwirkung bleiben Folgeschäden, die erheblich Sand ins Getriebe jeder Organisation bringen. Ohne störungsfreies Getriebe ist jedoch die Kraftübertragung eingeschränkt und die Leistungsfähigkeit und die Leistungsbereitschaft nehmen deutlich ab. Der Ärger über nicht kritisierte Regelverstöße nimmt zu und saugt immer mehr Energie von der eigentlichen Leistungserstellung ab.

Deshalb beschreiben wir Ihnen einen Weg zu einem wirkungsvollen Kritikgespräch. Wir werden Ihnen wichtige Voraussetzungen schildern. Die Beachtung dieser Voraussetzungen ist maßgeblich dafür verantwortlich, dass die kritisierte Person leicht ihr Verhalten ändern kann.

3.4 Voraussetzungen für ein erfolgreiches Kritikgespräch

1. Der Regelverstoß ist so gravierend, dass ein Kritikgespräch gerechtfertigt ist.

Stellen Sie fest, ob der Kritikpunkt es Wert ist, ein vergleichsweise aufwändiges Kritikgespräch zu führen. Manchmal reicht auch ein kurzes Feedback zum Verhalten des Mitarbeiters, um eine gewünschte Verhaltensänderung herbeizuführen. Dies könnten Sie beispielsweise folgendermaßen formulieren: „Herr Mayer, Sie haben um 11.00 Uhr ca. fünfzehn Minuten privat telefoniert. Das ist nicht gestattet. Bitte halten Sie sich in Zukunft an die Regel." Diese kurze Verhaltensrückmeldung reicht aus, um folgende Impulse in der Führungsarbeit zu setzen:

a) Sie signalisieren dem Mitarbeiter, dass Sie das Fehlverhalten bemerkt haben.

b) Sie fordern eine Verhaltensänderung ein.

Sie erreichen zwei wichtige Ziele ohne viel Aufwand und halten den Ball flach.

Führen Sie ein Kritikgespräch nur, wenn auf diesem Wege die gewünschte Verhaltensänderung erzielt werden kann. Sollte die Bedeutung des Regelverstoßes für ein aufwändiges Kritikgespräch nicht ausreichen, gibt es weitere Werkzeuge, die zum Einsatz gebracht werden können, um Fehlverhalten zu beseitigen. Vergleichen Sie hierzu unsere Ausführungen im Kapitel 4: Weitere Werkzeuge zum Umgang mit Regelverstößen.

2. Halten Sie das Kritikgespräch bei erstmaligem Regelverstoß möglichst kurz.

Gibt ein bestimmtes Verhalten erstmalig Anlass zur Kritik, sollte das Gespräch nicht unnötig aufgebauscht und in die Länge gezogen werden. Die Führungskraft sollte auch durch ihr Verhalten im Gespräch zeigen, dass sie davon ausgeht, dass das Fehlverhalten durch das Gespräch endgültig in die gewollte Richtung verändert wird. Diese Ansicht kann die Führungskraft am Ende des Kritikgespräches auch zum Ausdruck bringen: „Prima, Herr Mayer, damit ist die Sache endgültig aus der Welt geschafft."

3. Informieren Sie den Kritisierten frühzeitig vom Gegenstand des Gespräches.

Informieren Sie den Kritisierten vom Anlass des Gespräches bereits bei der Terminierung der Unterredung. Ein Kritikgespräch ist oft gerade für den Kritisierten mit viel Anspannung verbunden. Die Sachlage verschafft der Führungskraft schon genug Vorteile. Geben Sie als Führungskraft ihrem Gegenüber Zeit, um sich angemessen vorzubereiten. Es sollte auf keinen Fall der Eindruck entstehen, dass Sie den Kritisierten überrumpeln wollen. Vereinbaren Sie einen Termin für das Kritikgespräch mit angemessener Frist.

4. Stellen Sie eine möglichst störungsfreie Vier-Augen-Situation her.

Ein wichtiger Grundsatz in der Personalführung lautet:

Das Kritisieren Einzelner vor einer Gruppe ist verboten!

Die Vier-Augen-Situation hilft, den Rechtfertigungsdruck des Mitarbeiters klein zu halten. Wird vor der Gruppe kritisiert, ist die Gefahr, das Gesicht zu verlieren, (auch für Sie) viel größer. Menschen beharren in der Gegenwart von unbeteiligten Schaulustigen eher auf ihren Standpunkten und zeigen sich uneinsichtig. Unter vier Augen ist gerade ein unangenehmes Gespräch deutlich entspannter und es lässt sich das Verhalten viel leichter ändern.

Das Kritikgespräch erfordert eine möglichst störungsfreie Atmosphäre. Ein klingelndes Telefon oder ein fragender Mitarbeiter sind als Störungen genauso auszuschließen wie die laute Umgebung eines Großraumbüros. Ein konzentriertes Gespräch, das mit Ruhe und ohne Zeitdruck geführt wird, gewährleistet intensives Zuhören und einen schnellen Konsens in der Sache.

5. Führen Sie das Kritikgespräch möglichst unmittelbar nach dem Regelverstoß.

Nur in diesem Fall ist die Erinnerung an den Regelverstoß frisch, das Verhalten noch klar rekonstruierbar. Die konditionierende Wirkung des Gespräches ist nachhaltiger als wenn schon Wochen vergangen sind, bis das Gespräch endlich geführt werden kann. Die Führungskraft ist also gut beraten, die notwendigen Gesprächsimpulse zügig zu geben.

Zugegeben, Regelverstöße werden meist unvermittelt und ohne Vorankündigung beobachtet und ein unverhofftes Kritikgespräch passt meist nicht in den engen Zeitplan der gefragten Führungskraft. Dennoch gilt: Ein Kritikgespräch ist eine A-Aufgabe, genießt höchste Priorität und ist deshalb unmittelbar nach dem Regelverstoß zu führen. Außerdem ist ein strukturiertes Kritikgespräch in fünf bis zehn Minuten durchgeführt, lässt sich also auch einmal schnell einschieben.

Ist die Zeit für das Kritikgespräch definitiv nicht einplanbar, sollte die Führungskraft als Notlösung den beobachteten Regelverstoß gegenüber dem Mitarbeiter unmittelbar anmerken und das Kritikgespräch zeitnah terminieren.

6. Führen Sie das Kritikgespräch auf der Grundlage eigener Wahrnehmung.

Den Regelverstoß hat die Führungskraft selbst beobachtet. Beruft sich der Vorgesetzte dagegen auf fremde Quellen, die möglicherweise auch noch anonym bleiben wollen, hat das Gespräch eine denkbar schlechte Basis. Der Mitarbeiter kann behaupten, es sei anders gewesen und macht sich damit einen Fluchtweg auf.

Die eigene Beobachtung ist auch die Voraussetzung für authentisches Auftreten der Führungskraft. Eine klare und bestimmte Sprache fällt in diesem Falle leicht und die Verhaltensänderung des Mitarbeiters kann glaubhaft eingefordert werden.

7. Trennen Sie im Kritikgespräch das Verhalten der Person von der Person selbst.

Natürlich ist der Mitarbeiter für sein Verhalten und damit auch für sein Fehlverhalten verantwortlich. Es fällt dem Mitarbeiter jedoch leichter, sein Verhalten zu ändern, wenn er sich trotzdem als Person von seinem Vorgesetzten akzeptiert fühlt. Für die Gesprächsführung heißt dies: Beschreiben Sie nicht die Person („Sie sind immer unpünktlich."), sondern beschreiben Sie das Verhalten des Mitarbeiters („Sie kamen am Dienstag und am Mittwoch jeweils erst um 10.30 Uhr ins Büro."). Durch diesen Schachzug kann der Mitarbeiter jetzt über sein Verhalten mit Ihnen sprechen, statt sich als Person unmittelbar angegriffen zu fühlen.

8. Der Kritisierte darf nicht in der Lage sein, seine Ziele alleine zu erreichen.

Ist der Kritisierte in der Lage, sein Fehlverhalten gegen den Willen des Vorgesetzten durchzusetzen, ist das Kritikgespräch zum Scheitern verurteilt. In diesem Fall ist das Kritikgespräch nicht das geeignete Instrument, um eine Verhaltensänderung zu bewirken. Bestehen zum Beispiel Abhängigkeiten des Vorgesetzten vom Mitarbeiter, die der Mitarbeiter in die Waagschale werfen kann, um sein Fehlverhalten fortzusetzen, sollte dies der Vorgesetzte dringend mit seiner eigenen Führungskraft besprechen.

Hier sollten die Strategien zum Einsatz kommen, die Abhängigkeit reduzieren. Vergleichen Sie hierzu unsere Ausführungen zum Mitarbeitertyp: Leistungsträger.

9. Die beteiligten Konfliktparteien sind bereit, miteinander zu arbeiten.

Ein erfolgreiches Kritikgespräch setzt Bereitschaft zur Kooperation voraus. Beide Parteien sollten bestrebt sein, sich anzunähern und den Kritikpunkt aus der Welt zu schaffen.

Die Notwendigkeit, Einkommen zu erwirtschaften, macht oft kompromissbereit. Wird dies jedoch von der Führungskraft offen angesprochen oder als Druckmittel genutzt, besteht die Gefahr von faulen Kompromissen und von Rachegelüsten. Appelle an Einsicht und Vernunft des Gegenübers sind aus unserer Erfahrung viel besser geeignet, um den Kritikpunkt erfolgreich zu bearbeiten.

Wenn der Wille zur Kooperation nicht mehr vorhanden ist, sind in der Vergangenheit wahrscheinlich sehr viele Bedürfnisse gegenseitig missachtet worden. Die Bereitschaft zur Kritik setzt Vertrauen voraus, das manchmal bereits enttäuscht worden ist. Soll diese Beziehung wieder nachhaltig arbeitsfähig werden, ist ein hohes Maß an Wertschätzung erforderlich. Anerkennung erbrachter Leistungen und klare, verlässliche Absprachen sind wichtige erste Schritte, um sich gegenseitig anzunähern. Wer eine solche Beziehung erhalten will oder muss, sollte das Gespräch suchen und klare Ziele vereinbaren, um über die Zielerreichung seinem Gegenüber Erfolge zu verschaffen.

10. Definieren Sie die Verantwortlichkeiten klar.

Nur wenn Verantwortung klar übernommen wird, können Mitarbeiter auch verantwortlich gemacht werden. Dieser Grundsatz ist bereits bei der Delegation von Aufgaben zu berücksichtigen.

11. Die kritisierende Person ist in ihrer Rolle akzeptiert.

Ein erfolgreiches Kritikgespräch setzt voraus, dass die kritisierende Person in ihrer Rolle von der kritisierten Person anerkannt ist. Wenn beispielsweise eine Führungskraft einen ihrer Mitarbeiter kritisiert, so ist über die Weisungsbefugnis des Arbeitgebers das Recht zum Kritisieren gesichert. Arbeitet eine Führungskraft jedoch in einem anderen Bereich als der Mitarbeiter, hat sie meist keine Weisungsbefugnis und demnach auch kein Recht zur Kritik am Mitarbeiter.

Die fehlende Akzeptanz spielt zum Beispiel eine wichtige Rolle, wenn Kollegen untereinander Kritik üben müssen. Diese in der betrieblichen Praxis häufige Situation behandeln wir unter „Schwierige Situationen im Kritikgespräch“ in diesem Kapitel.

12. Die Regel ist bekannt.

Das Kritikgespräch ist nur dann das richtige Instrument, wenn der Kritisierte zum Zeitpunkt des Fehlverhaltens die Regel, an der sein Verhalten gemessen wird, kennen musste oder kannte.

Im Falle, dass die eingeforderte Regel dem Kritisierten unbekannt ist und es auch nicht die Pflicht des Mitarbeiters war, sich sachkundig zu machen und sich zu informieren, wird die Regel von der Führungskraft bekannt gemacht und ein regelgerechtes Verhalten kurz besprochen. Dieses Gespräch findet dann ein schnelles Ende, da bezüglich des Kritikpunktes kein weiterer Gesprächsbedarf besteht.

13. Stellen Sie das zukünftige Verhalten in den Mittelpunkt des Interesses.

Hauptziel des Kritikgespräches ist es, den Mitarbeiter zu motivieren, sein Verhalten in der Zukunft zu ändern.

Manche Führungskräfte sind geradezu versessen darauf, die Gründe für das Fehlverhalten zu erfahren. Sie schnüffeln mit Wonne im Privatleben des Mitarbeiters herum und wundern sich dann, wenn sie Details erfahren, die sie nichts angehen und die sie auch gar nicht wissen sollten. Das ursprüngliche Ziel der Verhaltensänderung haben sie längst aus den Augen verloren.

Der Aufbau des Kritikgespräches ist deutlich auf das Verhalten in der Zukunft auszurichten. Prüfen Sie als Kritisierender, ob das vom Kritisierten zugesicherte zukünftige Verhalten den geltenden Regeln entspricht. Wenn dem so ist – herzlichen Glückwunsch! Sie haben ein Kritikgespräch geführt, das sein Ziel erreicht hat.

Bevor wir den Aufbau eines Kritikgespräches darstellen, möchte ich Ihnen noch eine praxiserprobte Checkliste an die Hand geben. Sie sollten diese Check-Fragen überwiegend mit „Ja“ beantworten, um damit ein möglichst erfolgreiches Kritikgespräch zu führen.

Fragen	Ja	Nein
Ist Ihnen der exakte Kritikpunkt bekannt?		
Gibt es keine weiteren belastenden Faktoren aus der Zusammenarbeit mit dem Kritisierten?		
Haben Sie eine genaue Vorstellung vom regelgerechten Verhalten des Kritisierten?		
Haben Sie den Kritikpunkt selbst beobachtet?		
Können Sie mögliche Sekundärvorteile, die der Kritisierte aus dem Fehlverhalten hat, zutreffend einschätzen?		
Haben Sie die Anzahl der beteiligten Personen auf ein Minimum beschränkt?		
Sind Ihnen die Ziele und Bedürfnisse des Gegenübers bekannt?		
Können Sie die Leistungsbereitschaft Ihres Gegenübers zutreffend einschätzen?		
Können Sie die Leistungsfähigkeit Ihres Gegenübers zutreffend einschätzen?		
Haben Sie genug Zeit eingeplant, um das Gespräch ohne Zeitdruck führen zu können?		
Ist der gegenwärtige Zustand für keine Seite annehmbar?		
Ist eine sachliche Vorgehensweise von beiden Seiten zu erwarten?		

Haben Sie Ihre möglichen Reaktionen auf eventuelle Einwände und Angriffe des Gegenübers im Vorfeld des Kritikgespräches vorbereitet?		
Kann das Gespräch auf nur ein Konfliktthema beschränkt werden?		
Ist der Zeitpunkt des Kritikgespräches noch als unmittelbar nach dem Kritikpunkt zu bezeichnen?		
Findet das Kritikgespräch in einer Vier-Augen-Situation statt?		
Ist es Ihnen möglich, Ihrem Gegenüber wirkungsvoll Sanktionen anzukündigen und diese im Falle des fortgesetzten Fehlverhaltens auch zu vollziehen?		
Haben Sie Ihr Gegenüber über den Anlass des Kritikgespräches im Vorfeld des Gespräches informiert?		
Hat Ihr Gegenüber eine angemessene Frist zur Vorbereitung erhalten?		
Sind Sie vom Gegenüber in der Rolle des Kritisierenden akzeptiert?		

Abbildung 7: *Checkliste zur Vorbereitung des Kritikgespräches*

3.5 Das Kritikgespräch

Wir schlagen Ihnen eine Struktur in sechs Phasen vor, die wir Ihnen zunächst idealtypisch darstellen. Diese Struktur ist ein erprobtes Konzept, das sich gerade wegen seiner Einfachheit hervorragend eignet, um in Organisationen eine positive Kritikkultur zu schaffen. Voraussetzung ist die gründliche Vorbereitung, über die wir Sie bereits informiert haben.

Schwierige Situationen, die im Kritikgespräch häufig entstehen können, behandeln wir im Anschluss.

Phase 1: Kontaktphase

Zu Beginn des Kritikgespräches wird der Gesprächspartner begrüßt, nicht herzlicher, aber auch nicht kühler als normalerweise üblich. Die Einleitung des Kritikgesprächs ist recht kurz zu halten. Dabei gilt es folgende wichtige Anregung zu beachten:

> Lob muss am Anfang des Kritikgespräches unterbleiben.

Zwar wird vielfach auch in der Fachliteratur der lobende Einstieg empfohlen, etwa in der Art: „Herr Mayer, ich bin mit Ihren Leistungen in Projekt XY sehr zufrieden, aber [Kritikpunkt].“ Dieser wohlwollende Beginn richtet jedoch auf mehreren Ebenen enormen Schaden an:

1. Das Lob entpuppt sich als unehrliche Strategie von Anfang an, denn der über den Gesprächsgegenstand informierte Mitarbeiter weiß, dass das Hauptanliegen die Kritik ist. Damit wird hier Lob nicht in anerkennender Absicht eingesetzt, sondern soll beschwichtigende oder gar manipulierende Wirkung erzielen. Die Führungskraft signalisiert „Sei mir bitte nicht böse.“ Dies wirkt leider schwach, der Vorgesetzte zeigt, dass er mit der Situation belastet oder gar überfordert ist.

2. Jedes unehrliche Umgehen unterspült das gegenseitige Vertrauen. Der Kritisierte lernt schnell, dass sich sein Chef unehrlich verhält. Das Vertrauen des Mitarbeiters zum Chef wird nachhaltig erschüttert. Und dies gerade in einer brenzligen Situation, die vertrauensvollen Umgang miteinander erfordert.

3. Zusätzlich hebt das Lob die Stimmung des Mitarbeiters erst an, bevor die Kritik dann die Gefühle belastet. Damit wird der emotionale Fall, der dem Mitarbeiter zugemutet wird, noch stärker erlebt.

4. Die schlimmste Folge ist jedoch, dass die Führungskraft Lob und Anerkennung als wichtiges Motivationsinstrument erheblich schwächt. Der Mitarbeiter verinnerlicht durch den lobenden Einstieg mit anschließender Zurechtweisung ein Führungsverhalten seines Vorgesetzten. Es entsteht eine feste Verbindung zwischen Lob und Kritik und oft verallgemeinern Mitarbeiter solche Führungsstrategien. Nehmen wir an, dass der Mitarbeiter lange nach seinem Kritikgespräch eine gute Leistung erbringt, die der Chef anerkennen will. Dann formuliert die Führungskraft vielleicht so: „Herr Mayer, ich bin mit Ihren Leistungen in Projekt XY sehr zufrieden, … ." Der Mitarbeiter erwartet das, was er bereits gelernt hat: Auf Anerkennung folgt Kritik. Er wird geistig zusammenzucken und denken: „…, aber [Kritikpunkt]." Damit kann die positive Wirkung der Anerkennung nicht mehr erzielt werden. Deshalb ist es wichtig, das Kritikgespräch ohne Anerkennung und Lob zu beginnen.

Phase 2: Den Regelverstoß genau beschreiben

Das zu kritisierende Verhalten wird ohne Wertung von der Führungskraft so genau wie möglich beschrieben.

Beispiel 1: „Herr Mayer, Sie sind unpünktlich."

Falsch, weil zu persönlich.

Beispiel 2: „Herr Mayer, Sie kommen immer unpünktlich."

Falsch, weil zwar Verhaltensbeschreibung, jedoch zu ungenau.

Beispiel 3: „Herr Mayer, Sie sind am Dienstag und am Mittwoch jeweils eine halbe Stunde zu spät zur Arbeit gekommen."

Richtig, weil genaue Verhaltensbeschreibung.

> Kochen Sie das Gespräch möglichst auf kleiner Flamme. Auch wenn Sie das Fehlverhalten schon länger beobachten, nennen Sie nur Situationen aus der jüngeren Vergangenheit. Denn nur dann führen Sie das Gespräch zeitnah. Zusätzlich ist das Fehlverhalten weniger gravierend und eine Verhaltensänderung ist für beide Seiten viel leichter herbeigeführt.

Phase 3: Stellungnahme des Kritisierten

Ist der Kritikpunkt genannt, kann der Kritisierte Stellung nehmen. Sie leiten mit einer einfachen Frage in die dritte Phase des Kritikgespräches über: „Herr Mayer, wie stehen Sie dazu."

Jetzt sollte der Kritisierte eine sachliche Erklärung seines Verhalten abgeben und eventuell sogar von sich aus Lösungsvorschläge machen, wie der Kritikpunkt vermieden werden kann. Der Kritisierte sollte Rechtfertigungen und Entschuldigungen unterlassen.

Hören Sie als Kritisierender aufmerksam zu, stellen Sie Fragen, geben Sie Ihrem Gegenüber Zeit zum Nachdenken und Antworten.

Phase 4: Bewertung des Fehlverhaltens

In der nächsten Phase des Kritikgesprächs wird das Verhalten bewertet. Als Ziel dieser Phase sollte Konsens über die Einschätzung des Verhaltens hergestellt werden.

> Lassen Sie den Kritisierten sein Verhalten selbst bewerten. Dadurch erhöhen Sie seine Identifikation mit der Beurteilung enorm.

Sie leiten auch in diese Phase mit einer Frage über: „Herr Mayer, wie bewerten Sie Ihr Verhalten?"

Hat der Kritisierte selbst sein Verhalten in einer Art und Weise bewertet, mit der die Führungskraft übereinstimmt, sind jetzt die Weichen optimal gestellt, um das zukünftige Verhalten zu besprechen.

Phase 5: Zukünftiges Verhalten vereinbaren

Viele Führungskräfte machen an dieser Stelle den Fehler, dem Kritisierten das Verhaltensziel vorzugeben. Dadurch bekommt das Gespräch den Charakter einer Fremdzielsetzung und die Motivation zur Umsetzung ist vergleichsweise gering. Aus unserer Erfahrung heraus ist deshalb die nächste

Empfehlung eine der wichtigsten, um die Verhaltensänderung herbeizuführen:

> Fordern Sie den Kritisierten auf, sich ein Verhaltensziel zu setzen, das der Verhaltensregel entspricht und keinen Anlass zur Kritik gibt.

Auch hier leiten Sie Ihr Gegenüber wieder durch eine Frage in die gewünschte Richtung: „Herr Mayer, wie werden Sie sich in Zukunft verhalten?“

Durch diesen Schachzug setzt sich der Kritisierte selbst das Ziel. Seine Identifikation ist hoch und damit ist er auch motiviert, sein Verhalten zukünftig nach der eingeforderten Regel auszurichten.

Das Ziel des Kritikgespräches ist dann erreicht, wenn das vom Kritisierten genannte Verhaltensziel der Regel entspricht. Dieses Verhaltensziel ist verbindlich und dient als Grundlage für die zukünftige Zusammenarbeit.

Phase 6: Abschluss

Die Stimmung am Ende des Gespräches sollte zum gesamten Verlauf passen. In der Praxis erleben wir vier Varianten:

1. Anerkennender Abschluss

Zeigte sich der Mitarbeiter einsichtig und kooperativ, kann zum Beispiel eine kleine Anerkennung erfolgen: „Übrigens, Herr Mayer, das Projekt XY ist ja auch zwei Tage vor dem Zeitplan.“ Die Anerkennung von Leistungen in anderen Bereichen ist allerdings eine Gratwanderung. Tragen Sie zu dick auf, verpufft die Wirkung des Kritikgespräches und die Ernsthaftigkeit für den Mitarbeiter leidet.

Es könnte auch der Eindruck entstehen, dass Sie sich Sorgen um Ihre gute Beziehung zum Mitarbeiter machen und aus diesem Grund die Beziehungsebene zum Mitarbeiter kitten möchten. Haben Sie ähnliche Bedenken, sollten Sie diese Variante unterlassen. Sie zeigen sonst, dass Sie über Beziehungsentzug beeinflussbar sind.

2. Versöhnlicher Abschluss

Mit ausgleichenden Worten möchte die Führungskraft die Beziehungsebene testen: „Herr Mayer, wie war das Gespräch für Sie?“ Oder schlimmer: „Herr Mayer, ich hoffe, Sie nehmen mir das nicht übel.“ Mit dieser Abschlussalternative zeigen Sie, dass Sie sich ernsthaft über die Auswirkungen des Kritikgespräches auf der Beziehungsebene Sorgen machen. Dies könnte Ihnen (und wird Ihnen auch häufig) als Führungsschwäche ausgelegt.

> Das Kritikgespräch dient der Verhaltensänderung und nicht der Beziehungspflege.

Deshalb sollten Sie diese Variante nicht einmal in Ausnahmefällen einsetzen.

3. Drohender Abschluss

Viele Führungskräfte drohen dem Mitarbeiter am Ende des Gespräches, um die Nachhaltigkeit zu erhöhen: „Herr Mayer, wenn das in Zukunft nicht klappen sollte, hat das natürlich ernstere Konsequenzen – nicht dass dies eine Drohung sein soll.“ Leider wirkt dieser Abschluss als massiver Misstrauensantrag der Führungskraft an den Mitarbeiter. Der Vorgesetzte will seinen Worten mehr Nachdruck verleihen, weil er nicht glaubt, dass der Mitarbeiter sein Verhalten wie besprochen verändert. Wird dieser Zweifel vom Kritisierten bemerkt, leidet die zukünftige Zusammenarbeit durch fehlendes Vertrauen. Der letzte Eindruck, der bleibenden Charakter hat, ist Misstrauen.

Diese Variante ist fehl am Platz, wenn es sich um das erste Gespräch bezüglich eines Regelverstoßes handelt, weil sie viel zu massiv wirkt. Ist jedoch das erste Gespräch wirkungslos verpufft und es muss ein zweites Gespräch in gleicher Sache geführt werden, kann diese Abschlussvariante eingesetzt werden. In dieser Situation passt auch der geäußerte Zweifel, denn der Mitarbeiter ist bereits einmal wortbrüchig geworden.

4. Vertrauensvoller Abschluss

> Beenden Sie das Kritikgespräch damit, dass Sie Ihr Vertrauen in die Fähigkeit des Kritisierten ausdrücken, sein Verhalten gemäß der Vereinbarung zu ändern.

Unserer Erfahrung nach ist diese Abschlussvariante sehr nützlich, um die nachhaltige Verhaltensänderung zu bewirken. Dieser Abschluss wirkt genau in entgegengesetzter Richtung von Drohungen. Die Führungskraft traut dem Mitarbeiter die Verhaltensänderung zu. Sie geht davon aus, dass keine weiteren Gespräche über dieses Thema geführt werden müssen, und dass der Kritikpunkt mit dem Gespräch aus der Welt geschafft wurde. Vertrauensvoll abschließende Äußerungen der Führungskraft sind zum Beispiel:

- „Prima, dass wir die Sache damit aus der Welt haben."
- „Ich weiß, dass Sie Ihr Verhalten entsprechend ändern werden."
- „Gut, damit ist die Sache erledigt."
- „Klasse, dann haben wir das ja wieder im grünen Bereich."

Solche Formulierungen signalisieren dem Mitarbeiter, dass die Führungskraft dem Mitarbeiter die Verhaltensänderung ohne Wenn und Aber zutraut. Eine gute Erfahrung, gerade für den Mitarbeiter.

Verhalten nach dem Kritikgespräch

Viele Führungskräfte glauben, dass mit Beendigung des Kritikgespräches die Sache endgültig vom Tisch ist. Weit gefehlt: Der Vorgesetzte sollte seine Kontrollfunktion in der Folgezeit sehr ernst nehmen.

Sollte das vereinbarte Verhalten praktiziert werden, können Kontrollen seltener werden und schließlich unterbleiben. Sollte sich das gewünschte Verhalten nicht entwickeln, ist ein erneutes Kritikgespräch zu führen. Dieses Gespräch führt dem Kritisierten die Konsequenzen des Fehlverhaltens deutlich vor Augen.

3.6 Schwierige Situationen im Kritikgespräch

In Seminaren zum Training des Kritikverhaltens werden häufig Situationen thematisiert, die von Führungskräften in Unternehmen, Verwaltungen und Schulen als besondere Herausforderung erlebt werden. Die häufigsten dieser Situationen haben wir Ihnen im Folgenden zusammengestellt. Sie erhalten hier viele Anregungen, durch die Sie diesen Herausforderungen den Stachel nehmen können.

Erneutes Kritikgespräch wegen desselben Fehlverhaltens

Führen Sie Gespräche, die ein bereits kritisiertes Fehlverhalten zum Thema haben, etwas strenger und härter. Verweisen Sie Ihren Mitarbeiter deutlich auf das zurückliegende Kritikgespräch und die zugesicherte Verhaltensänderung.

Hier gibt es mehrere Möglichkeiten, dem Gespräch mehr Nachdruck zu verleihen.

> Machen Sie den Mitarbeiter in der Bewertungsphase auf die Folgen seines Fehlverhaltens aufmerksam, falls er sein Verhalten nicht ändert.

Möchten Sie personalrechtliche Sanktionen androhen, sichern Sie diese bei den zuständigen Gremien (Personalabteilung, Betriebs- oder Personalrat, Chef) vorher ab. Dadurch stellen Sie in der Vorbereitung des erneuten Kritikgespräches sicher, dass eine angedrohte Sanktion auch tatsächlich vollzogen wird, wenn es erforderlich sein sollte. Dies ist für Ihre eigene Autorität als Führungskraft wichtig, denn wird eine angedrohte Sanktion nicht durchgesetzt, machen Sie sich möglicherweise lächerlich.

> Verfassen Sie ein Protokoll für die Personalakte.

Lassen Sie das Protokoll vom Mitarbeiter unterschreiben. Das Protokoll dient als Beleg für spätere Sanktionen oder in einer arbeitsrechtlichen Auseinandersetzung.

Sollten Sie Beweise für das Fehlverhalten einsetzen wollen, ist das zweite Kritikgespräch der richtige Zeitpunkt. Jetzt erhöhen die Belege den Druck auf den Mitarbeiter.

> Wählen Sie im Falle des wiederholten Kritikgespräches den drohenden Gesprächsabschluss.

Machen Sie am Ende des Kritikgespräches nochmals deutlich, welche Konsequenzen ein unverändertes, nicht regelgerechtes Verhalten für den Kritisierten haben wird. Damit geben Sie dem Gespräch einen unmissverständlichen Schluss und Sie fordern eine Verhaltensänderung erneut ein.

Unangemessene Emotionen werden eingesetzt

Der Kritisierte wird während des Kritikgespräches laut oder fängt zu weinen an. Lassen Sie uns diese Fälle getrennt behandeln. Zu diesen Verhaltensweisen greift der Kritisierte meist, wenn er hofft, sich dadurch vor dem Kritikgespräch drücken zu können.

Grundsätzlich gilt: Geben Sie Ihrem Mitarbeiter nicht die Erfahrung, dass er ein geeignetes Verhalten gewählt hat, um das Ziel des Gesprächsabbruches zu erreichen. Bleiben Sie ruhig und halten Sie die Arbeitsatmosphäre aufrecht. Behalten Sie das ursprüngliche Ziel des Gespräches im Auge.

Wird Ihr Gegenüber laut, halten Sie Blickkontakt, demonstrieren Sie selbst damit Präsenz und nehmen Sie die Rolle eines guten Zuhörers ein.

Nehmen wir einen Kochtopf als Beispiel. Wer den Deckel eines kochenden Topfes mit Gewalt auf dem Topf hält, braucht selbst viel Energie und der Druck im Topf nimmt zu. Nehmen Sie den Deckel jedoch vom Topf, baut sich der Druck automatisch ab.

Geben Sie in dieser Situation dem Mitarbeiter Raum, damit er seinem Ärger Luft machen kann. Ihr Gesprächsanteil sinkt an dieser Stelle auf unter 5 Prozent. Senden Sie nonverbal Verständnissignale wie zum Beispiel leichtes Nicken, halten Sie Blickkontakt und bestätigen Sie Ihr Gegenüber durch Interjektionen wie „Ja“ oder „mhm“. Halten Sie auch erste kleinere Gesprächspausen aus, ohne sofort selbst zu sprechen. Achten Sie auf ein ruhiges Verhalten. Erst wenn der Wortschwall komplett vorüber ist, sollten Sie selbst verbal aktiv werden. Dann sprechen Sie zunächst überlegt, besonnen und ruhig.

Weint der Mitarbeiter, kann dies zwei Gründe haben: Das Gegenüber weint aus Verzweiflung oder das Weinen wird als Strategie eingesetzt.

Möglicherweise gibt es das eine oder andere schauspielerische Talent, sodass es heikel werden kann, die beiden Fälle zu unterscheiden. Doch es gilt: Wer verzweifelt ist, weint sehr intensiv, wird von seinen Gefühlen überwältigt und ist meist auch nicht in der Lage, das Kritikgespräch fortzusetzen. Gönnen Sie in diesem Fall Ihrem Gegenüber eine Pause und unterbrechen Sie inhaltlich das Kritikgespräch, halten Sie jedoch die Arbeitsatmosphäre aufrecht und schweigen Sie solange, bis Ihr Gegenüber wieder arbeitsfähig ist.

Strategieweinen ist viel weniger intensiv als im eben beschriebenen Fall. Die ersten Tränen werden nahezu erwartet und dann theatralisch eingesetzt. In solchen Fällen führen Sie das Gespräch fort. Wenn Ihr Gegenüber merkt, dass das Weinen wirkungslos ist, stellt er es meist überraschend schnell ein. Sie können auch eine kleine verbale Unterstützung geben: „Herr Mayer, ich denke wir können das Kritikgespräch trotzdem fortführen.“ Dadurch machen Sie auch sprachlich klar, dass Weinen keinen aufschiebenden Charakter hat.

Der Kritisierte greift den Kritisierenden an

Angriff ist die beste Verteidigung. Nach diesem Grundsatz beim Schachspiel handeln viele bedrängte Kritisierte. Der Chef sieht sich unvermittelt dem Vorwurf ausgesetzt, es selbst nicht zu können, es auch zu tun oder es sträflich unterlassen zu haben. Damit wird versucht, das Thema vom Verhalten des Mitarbeiters auf das der Führungskraft zu lenken. Diese Fluchttür gilt es sofort zu schließen: „Herr Mayer, hier geht es ausschließlich um Ihr Verhalten in der XY-Situation!" Stellen Sie im Anschluss eine Frage, die den Mitarbeiter zum Thema zurückführt: „Wie können Sie in Zukunft solchen Situationen vorbeugen?"

Aus ähnlicher Fluchtabsicht heraus wird auch der Gleichbehandlungsgrundsatz eingefordert. Der kritisierte Herr Mayer sagt: „Der Herr Müller macht das schon jahrelang so und da werden Sie nicht aktiv. Das ist unfair." Auch in diesem Falle schneiden Sie im nächsten Satz den Fluchtweg ab: „Herr Mayer, hier geht es nicht um das Verhalten von Herrn Müller, sondern um Ihr Verhalten in der XY-Situation!" Sie brauchen kein zusätzliches Wort darüber verlieren.

Widerstehen Sie der Gefahr, statt themenorientiertes Gesprächsverhalten einzufordern, Ihr Führungsverhalten gegenüber dem Mitarbeiter zu erklären, denn dadurch lassen Sie sich das Gesprächsthema vom Kritisierten aufzwingen. Sie werden geführt, statt selbst klare Führungsimpulse zu geben. Außerdem könnte dieses erklärende Verhalten böswillig auch als Rechtfertigung des Chefs vor dem Mitarbeiter ausgelegt werden.

> Wenn der Kritisierte Ausflüchte sucht, schließen Sie konsequent alle Fluchtwege und führen Sie auf das Thema zurück.

Der Kritisierte streitet das Fehlverhalten ab

Viele Führungskräfte sammeln Beweise für den Regelverstoß, die dann eingesetzt werden, um die eigene Position zu stärken, wenn das Gegenüber den Kritikpunkt abstreitet. Im wiederholten Kritikgespräch bezüglich eines Fehlverhaltens mag dies angemessen sein. Beim erstmaligen Kritikgespräch erhöht die präsentierte Beweissammlung unnötig den Druck. Achten Sie darauf: Sie gehen im ersten Durchgang davon aus, dass das Verhalten nach dem Gespräch regelgerecht praktiziert wird. Diese Einstellung gilt es auch durch Ihr Verhalten während des Kritikgesprächs zu dokumentieren.

Sollte Ihr Gegenüber abstreiten, sind Sie beim ersten Kritikgespräch gut beraten, das Kritikgespräch hypothetisch zu führen. Versetzen wir uns in folgende Situation: Sie führen ein Kritikgespräch, haben die Unpünktlichkeit des Mitarbeiters in der zweiten Phase, „Regelverstoß genau beschreiben", benannt und fordern den Kritisierten nun auf, dazu Stellung zu beziehen. Jetzt lügt der Kritisierte zum Beispiel: „Chef, ich bin in der letzten Woche immer pünktlich gewesen." Decken Sie jetzt die Lüge mittels Beweisen auf, verliert der Mitarbeiter das Gesicht. Hypothetisch können Sie den Fall stattdessen mit folgender Formulierungen bearbeiten: „Sei es, wie es sei. Nehmen wir an, Sie haben Recht und es ist so gewesen, wie Sie sagen. Wie würden Sie dann Ihr zukünftiges Verhalten beschreiben?" Auf dieser hypothetischen Basis machen Sie jetzt einen Sprung zur fünften Phase des Kritikgespräches, „Zukünftiges Verhalten vereinbaren", und können wie im Idealfall das regelgerechte zukünftige Verhalten beim Mitarbeiter abfragen. Sie bringen durch diesen Trick den Mitarbeiter dazu, sich ein überprüfbares Verhaltensziel zu setzen, ohne detailliert abzuklären, was wirklich passiert ist. Dadurch erreichen Sie gemeinsam das Ziel des Kritikgespräches: Das regelgerechte zukünftige Verhalten beschreibt der Kritisierte selbst.

Kritikgespräche mit Kollegen auf gleicher Ebene

Eine wichtige Voraussetzung für ein erfolgreiches Kritikgespräch ist, in der Rolle des Kritisierenden vom Kritisierten akzeptiert zu sein. Diese Akzeptanz ist oft mit der Weisungsbefugnis oder dem Direktionsrecht der direkten Führungskraft verbunden. Bisher sind wir deshalb von einer Rollenverteilung ausgegangen, bei der der Vorgesetzte kritisiert und der Mitarbeiter kritisiert wird.

Eine besonders knifflige Situation entsteht, wenn Kritik auf der Kollegenebene geübt werden muss, weil dann oft die Akzeptanz als Kritisierender fehlt. Außerdem mangelt es an der Weisungsbefugnis in dieser Arbeitsbeziehung, und damit existiert keine Möglichkeit, das gewünschte Verhalten anzuordnen oder gegebenenfalls sogar mit Sanktionen zu drohen.

Wir empfehlen Ihnen bei Kritikgesprächen mit Kollegen ein etappenweises Vorgehen, das zunächst ohne Weisungsbefugnis auskommt. Nehmen wir dazu folgenden Fall an: Ein Kollege soll Ihnen bis zum 15. des Monats eine Zuarbeit leisten, die Sie bis zum 20. des Monats verarbeiten müssen, um Ihrerseits fristgerecht einem Dritten zuzuarbeiten. Nehmen wir weiter an, die Zuarbeit für Sie wird unpünktlich geleistet, sodass Sie selbst in Terminschwierigkeiten geraten. Sie entschließen sich, das Fehlverhalten anzusprechen.

1. Stufe: Bieten Sie eine gemeinsame Lösung an.

Besprechen Sie mit Ihrem Gegenüber eine gemeinsame Vorgehensweise, die das Terminproblem löst. Verwenden Sie „Wir-Formulierungen", die den Kollegen ins gleiche Boot ziehen, zum Beispiel: „Herr Schluder, ich brauche die Unterlagen bis zum 15. des Monats, andernfalls komme ich selbst in Verzug. Wie können wir da eine Lösung finden?" Hören Sie sich die Vorschläge des Kollegen an und vereinbaren Sie einen Weg, der für Sie und Ihren Kollegen gangbar ist.

Können Sie keinen gemeinsamen Weg finden, weil der Kollege zum Beispiel auf stur schaltet, nennen Sie die einzuhaltende Regel und bitten Sie den Kollegen freundlich, sich daran zu halten. Funktioniert die Lösung im nächsten Monat nicht, suchen Sie umgehend das Gespräch.

2. Stufe: Sie formulieren einen Wunsch.

Sie gehen zum Kollegen und äußern weiterhin freundlich den Wunsch nach pünktlicher Zuarbeit. Gleichzeitig erklären Sie Ihren Zeitdruck als Folge der Terminüberschreitung. Sie bitten die entsprechende Person nochmals, sich an den Zeitplan zu halten. Verwenden Sie eine Formulierung wie zum Beispiel: „Herr Schluder, ich wünsche mir von Ihnen ... Bitte sorgen Sie dafür, dass ... ."

Sollte die Sache im nächsten Monat pünktlich auf Ihrem Schreibtisch landen, brauchen Sie sich der Angelegenheit nicht mehr zu widmen. Bleibt das Verhalten weiter außerhalb des Zeitplans, gehen Sie eine Stufe weiter.

3. Stufe: Sie fordern das gewünschte Verhalten ein.

Jetzt verlangen Sie in etwas bestimmterem Ton Termintreue und erklären wieder die Probleme, die sich aus der Unpünktlichkeit ergeben. Durch die Wiederholung der Folgen gewinnen die Konsequenzen des Fehlverhaltens mehr Gewicht im Denken des Kollegen.

Auch wenn Ihnen die Weisungsbefugnis fehlt, können Sie trotzdem erwarten, dass Ihr Arbeitsumfeld seiner Leistungspflicht nachkommt. Diese Erwartung können Sie auch gegenüber dem Arbeitsumfeld mit etwas mehr Nachdruck formulieren, denn das Fehlverhalten besteht bereits im dritten Monat.

Diese Eskalationsstufe sollte Ihrer Forderung im Regelfall genug Eindringlichkeit verleihen. Überlegen Sie sich genau, ob Sie die Angelegenheit weiter eskalieren wollen. Die nächste Stufe arbeitet mit dem Mittel der Androhung und setzt deshalb Ihre Bereitschaft voraus, den Konflikt auch über die nächste Stufe hinaus eskalieren zu lassen. Die Androhung gilt es gegebenenfalls in die Tat umzusetzen, sonst kommen Sie in den Ruf ein Papiertiger zu sein.

4. Stufe: Sie fordern erneut das gewünschte Verhalten ein und verbinden die Forderung mit der Androhung, den weisungsbefugten Vorgesetzten des Kritisierten zu informieren.

Diese Drohung stellt die weitere Eskalation in Aussicht, wenn die termingerechte Zuarbeit nicht erfolgt. Sie legen damit Ihre eigene Vorgehensweise fest und haben wenig Spielraum, wenn das gewünschte Verhalten unterbleibt.

5. Stufe: Teilen Sie dem Kritisierten mit, dass Sie seinen weisungsbefugten Vorgesetzten informieren.

Mit dieser Strategie nutzen Sie die Weisungsbefugnis einer in der Unternehmenshierarchie höher stehenden Person, um Ihre nicht vorhandene Befugnis zu kompensieren.

Auf der einen Seite wird der beteiligte Personenkreis größer und das Gewicht des Problems nimmt zu. Wer jetzt feststellt, dass das ursprüngliche Problem zu unwichtig ist und hier mit Kanonen auf Spatzen geschossen wird, hat kaum mehr eine Möglichkeit das Rad zurückzudrehen. Jetzt entwickelt die Angelegenheit oft eine Eigendynamik, die sich der Kontrolle der anfangs Beteiligten teilweise entzieht.

Auf der anderen Seite sind inzwischen mehrere Monate vergangen und der kritisierte Kollege hat viele Impulse bekommen, seine Arbeitsweise zu verändern. Er nimmt sehenden Auges in Kauf, dass seine Führungskraft informiert wird. Der Vorgesetzte kann jetzt ein Kritikgespräch mit seinem Mitarbeiter führen, oder er macht von seinem Direktionsrecht Gebrauch und ordnet an.

6. Stufe: Informieren Sie Ihren eigenen Vorgesetzten.

Wird der Vorgesetzte des Kollegen nicht aktiv oder kann er keine Verhaltensänderung bewirken, bleibt das Grundproblem damit bestehen. Setzen Sie in diesem Fall Ihre eigene Führungskraft von den Geschehnissen in Kenntnis und bitten Sie um Unterstützung.

Sie haben die Mittel ausgeschöpft, die Ihnen zur Verfügung stehen. Jetzt hat Ihre Führungskraft die Aufgabe, dafür zu sorgen, dass die Rahmenbedingungen wieder hergestellt werden, die für Sie notwendig sind, um qualitativ hochwertige Arbeitsergebnisse zu erbringen.

Ihre Führungskraft kann mit der Führungskraft des Kritisierten sprechen und dadurch eine Verhaltensänderung bewirken oder er wird eine übergeordnete Hierarchieebene ansprechen.

Sollte diese Vorgehensweise nicht das gewünschte Ergebnis bringen oder nicht gewollt sein, kann Ihre Führungskraft auch Ihre Rahmenbedingungen ändern und die Bearbeitungsfrist entsprechend verlängern. Damit haben Sie den Schwarzen Peter abgegeben.

Abschließend sei nochmals darauf hingewiesen, dass eine unangemessene Eskalation meist auf den „Anstifter“ zurückfällt. Üben Sie deshalb Kritik auf der Kollegenebene mit möglichst wenig Beteiligten und kochen Sie auf kleiner Flamme. Sonst besteht die Gefahr, selbst die eine oder andere Brandblase zu bekommen.

Kritik am eigenen Vorgesetzten

Fehlverhalten kommt natürlich nicht einseitig auf der Mitarbeiterebene vor, häufig gibt auch das Verhalten von Führungskräften Anlass zur Kritik.

Viele Mitarbeiter haben verständlicherweise Hemmungen den eigenen Vorgesetzten zu kritisieren, weil sie negative Konsequenzen bis hin zur Rache fürchten. Diese Vorbehalte sind teilweise berechtigt, denn es soll Führungskräfte geben, die berechtigte Kritik als Attacke auf ihre Führungsrolle erleben. Eine Führungskraft äußerte mir gegenüber einmal vertraulich: „Herr Dahms, 40 Prozent meiner Zeit verbringe ich damit, Bomben, die andere für mich gelegt haben, zu entschärfen. 40 Prozent meiner Zeit verbringe ich damit, Bomben für andere zu legen. Und 20 Prozent meiner Arbeitszeit habe ich für meine eigentlichen Aufgaben zur Verfügung.“ Die geschmiedeten Rachepläne, von denen während Seminaren erzählt wird, entspringen sicher nicht immer nur der zügellosen Fantasie der Teilnehmer.

Daraus folgt, dass ein Kritikgespräch, in dem der Mitarbeiter seinen Vorgesetzten kritisiert, eine besondere Herausforderung für beide Beteiligte darstellt. Hier gilt besonders: Prüfen Sie als Mitarbeiter im Vorfeld des Gespräches, ob es der Kritikpunkt wert ist, angesprochen zu werden. Hier fehlen dem Kritisierenden oft die Akzeptanz und immer die Weisungsbefugnis. Gleichzeitig liegt die Weisungsbefugnis auf der Seite des Kritisierten.

Wir empfehlen auch in diesem Fall grundsätzlich nach der Struktur des Kritikgespräches vorzugehen. Die Besonderheiten werden wir im Folgenden schildern.

Nehmen wir an, Sie möchten kritisieren, dass Arbeiten an Sie delegiert werden, ohne dass Ihre Arbeitsauslastung ausreichend berücksichtigt wird. Dieses Verhalten führt bei Ihnen zu unangemessen vielen Überstunden.

Phase 1: Kontaktphase

In dieser Phase begrüßen Sie Ihre Führungskraft freundlich, ohne zu übertreiben.

Phase 2: Kritikpunkt genau beschreiben

Wichtig dabei ist, dass Sie jeden angreifenden Charakter vermeiden. Wir haben mit folgenden Empfehlungen gute Erfahrungen gesammelt.

> Machen Sie den Kritikpunkt an der Führungskraft zu Ihrem eigenen Problem.

Formulieren Sie zum Beispiel: „Chef ich habe ein Problem damit, dass … .“ Oder: „Chef, ich brauche Ihren Rat. Ich habe Schwierigkeiten damit, dass … .“ Diese Einleitung gibt dem Chef die Möglichkeit, Ihnen bei der Lösung Ihres Problems behilflich zu sein.

> Führen Sie den Satz fort, indem Sie die Sachlage beschreiben, ohne den Chef einzubeziehen.

Sagen Sie beispielsweise nicht: „…, dass Sie viele Aufgaben in meinen Bereich delegieren, ohne meine Arbeitsauslastungsgrade zu berücksichtigen. Dies führt zu vielen Überstunden.“ Weil Sie den Chef persönlich ansprechen, kann er sich bereits attackiert fühlen. Deshalb sollten Sie die persönliche Ansprache der Führungskraft unterlassen. Bevorzugen Sie eine entpersonalisierte Äußerung: „Chef, ich brauche Ihren Rat. Ich habe Schwierigkeiten damit, dass sehr viele Aufgaben auf meinen Schreibtisch kommen, ohne dass meine Arbeitsauslastungsgrade berücksichtigt werden. Dies führt zu vielen Überstunden.“

Fordern Sie den Rat Ihrer Führungskraft ein: „Chef, was raten Sie mir in dieser Situation?“

Phase 3: Stellungnahme des Ratgebers

Nun gibt der Vorgesetzte Informationen, die Sie auf das problematische Verhalten beziehen können. Prüfen Sie die Aussagen Ihres Chefs auf Plausibilität. Sollte die vorgeschlagene Lösung noch nicht Ihre gewünschten Arbeitsergebnisse bringen, stellen Sie so lange Fragen, bis Sie die Antworten zufriedenstellen. Beispiel:

Mitarbeiter: „Chef, was raten Sie mir?“

Chef: „Arbeiten Sie die Akten zügiger ab, dann schaffen Sie das schon.“

Mitarbeiter: „Haben denn alle Akten gleiche Priorität?“

Chef: „Sie wissen ja, was wichtig ist und was nicht.“

Mitarbeiter: „Sagen Sie damit, dass ich die Priorisierung selbst vornehmen kann?“

Chef: „Ja, ist o.k., sprechen Sie dann nur die Priorisierung mit mir ab.“

Phase 4: Bewertung des Ratschlages

Ihr Chef hat Sie unterstützt, eine Lösung zu finden. Werten Sie das Ergebnis positiv. Erkennen Sie die Güte der Zusammenarbeit an und danken Sie der Führungskraft für die konstruktive Absprache.

Phase 5: Eigenes zukünftiges Verhalten vereinbaren

In dieser Phase beschreiben Sie kurz, wie Sie sich aufgrund der Vereinbarung zukünftig verhalten werden. Beispielsweise könnten Sie formulieren: „Chef, wir werden also folgendermaßen vorgehen: Sie geben mir die Arbeit und ich priorisiere aufgrund meiner Einschätzung. Dann werde ich die Prioritätsstufe mitteilen und gleichzeitig den Termin der Fertigstellung. Ist das so o.k. für Sie, Chef?“ Bestätigt der Chef die Handhabung, haben Sie das Problem gelöst.

Phase 6: Konstruktiver Abschluss

Damit haben Sie Ihr Ziel erreicht. Erkennen Sie nochmals die Qualität der Zusammenarbeit an und schließen Sie das Gespräch ab.

Der kraftvolle Dünger für das Wachstum von Arbeitsbeziehungen, die große Früchte tragen, heißt gegenseitige Wertschätzung. Auf diese Art und Weise lassen sich von Gespräch zu Gespräch kleine Fortschritte in der Zusammenarbeit erzielen. Beachten Sie dabei, dass eine Beziehung den Umgang mit kritischen Situationen lernen muss. Deshalb sind Sie gut beraten, wenn Sie mit einem Kritikpunkt anfangen, den der Vorgesetzte leicht verändern kann. Sie verschaffen damit sich und dem Vorgesetzten eine gute Erfahrung, die ein hervorragendes Fundament bildet, um mit der Zeit auch schwierigere Reibungspunkte ins Gespräch zu bringen.

Umgang mit Süchten

In den meisten Fällen wird Suchtverhalten im Betrieb leider von Kollegen und Vorgesetzten gedeckt. Die Gründe liegen oft im Unvermögen mit der Situation offensiv umzugehen oder in falsch verstandener Kollegialität. Man schätzt, dass es in Deutschland ungefähr 1,8 Millionen Alkoholabhängige und ca. 2,7 Millionen Tablettenabhängige gibt. In Fachkreisen ist unumstritten, dass die Dunkelziffer deutlich höher ist. Wir können also sicher davon ausgehen, dass mehr als 5 Millionen Menschen durch Suchtverhalten in ihrer Leistungsfähigkeit eingeschränkt sind. Umgang mit Suchtverhalten ist also in fast jedem Unternehmen eine stets präsente Herausforderung.

Die Veränderung von Suchtverhalten mittels Kritikgespräch ist meist ein aussichtsloses Unterfangen. Sie bekommen im Kritikgespräch oft eine Verhaltensänderung zugesichert, die jedoch dann nur kurz oder gar nicht umgesetzt wird. Deshalb arbeiten Sie zweigleisig. Führen Sie das Kritikgespräch und leiten Sie parallel dazu die erforderlichen Schritte in Ihrem Unternehmen ein. Oft sind Sie als Führungskraft durch interne Regeln gezwungen, bereits bei Verdacht von Suchtverhalten zu handeln. Aufgrund der Fürsorgepflicht gegenüber dem Arbeitnehmer informieren Sie beispielsweise die Personalabteilung und den Personal- oder Betriebsrat. Große Unternehmen haben auch einen Suchtbeauftragten. Diese Stellen leiten dann die erforderlichen Schritte ein.

Jede Verzögerung birgt Gefahren und verschlimmert oft das Suchtverhalten. Besonders im gewerblichen Bereich steigt die Unfallgefahr für den Süchtigen enorm. Kann man später nachweisen, dass Sie vom Suchtverhalten wussten, ohne erforderliche Maßnahmen ergriffen zu haben, kann dies auch für Sie negative Folgen nach sich ziehen.

Umgang mit kriminellem Verhalten

Stellen Sie kriminelle Machenschaften fest, informieren Sie unverzüglich die zuständigen innerbetrieblichen Stellen (Führungskraft, Revision, Personalabteilung, Betriebs- oder Personalrat, Chef). Die Entscheidung darüber, ob die Strafverfolgungsbehörden eingeschaltet werden sollen, treffen dann diese Stellen. Informieren Sie Staatsanwaltschaft oder Polizei ohne innerbetriebliche Absprache, wird dieser Alleingang in der Regel Ihre Kompetenzen überschreiten. Handeln Sie nur auf intern abgesichertem Feld.

Von einem vorher geführten Kritikgespräch ist Abstand zu nehmen. Das Gespräch kann den Mitarbeiter warnen. Es kann zu Vertuschungs- und Verdunklungsaktionen kommen, bevor die internen oder externen Stellen aktiv werden.

Kritikgespräch über Dritte

Oft erhalten Sie die Informationen über Fehlverhalten von außenstehenden Mitarbeitern. Herr Mayer teilt Ihnen ein Fehlverhalten von Herrn Müller mit. Häufig wird Ihnen dann noch ein Maulkorb verpasst, indem Sie den Namen des Informanten nicht nennen sollen.

Das sind denkbar schlechte Voraussetzungen, um ein erfolgreiches Kritikgespräch zu führen. Sie haben das Fehlverhalten nicht selbst beobachtet, Sie können leicht zum Werkzeug einer Fehde zwischen Müller und Mayer werden. Trotzdem sollten Sie sich der Auseinandersetzung aufmerksam widmen, denn es besteht die Gefahr, dass der Konflikt eskaliert.

Zwei mögliche Verhaltensweisen bieten sich an:

1. Sie motivieren Herrn Mayer, das Kritikgespräch selber zu führen. Fühlt sich Herr Mayer nicht in der Lage, das Kritikgespräch selbst zu führen, können Sie ihn entsprechend unterstützen. Führen Sie ihn in die Struktur des Kritikgespräches ein und klären sie wichtige Verhaltensweisen während der Durchführung. Damit steigern Sie die Leistungsfähigkeit von Herrn Mayer und machen ihn selbstsicherer.
2. Sie danken Herrn Mayer für die Information und teilen ihm mit, dass Sie sich das Verhalten von Herrn Müller genauer anschauen. In der Folge kontrollieren Sie Müller stichprobenartig. Sollte Herrn Müllers Verhalten Anlass zur Kritik geben, führen Sie ein normales Kritikgespräch auf der Grundlage Ihrer eigenen Beobachtungen.

Sollte sich Herr Müller tadellos verhalten, geben Sie Herrn Mayer ein kurzes Feedback darüber, dass Müller kein kritikwürdiges Verhalten gezeigt hat.

3.7 Chancen durch ein erfolgreiches Kritikgespräch

Meist werden die Chancen, die in einem Kritikgespräch liegen, von den Beteiligten kaum wahrgenommen. Gleichzeitig werden die Risiken oft überbewertet. Deshalb möchte ich einige der Chancen zum Abschluss unserer Ausführungen deutlich hervorheben.

- Mit jedem Kritikgespräch machen Menschen Erfahrungen in belasteten Situationen. Durchleben die Beteiligten die Situation und bringen Sie ein Ergebnis zustande, verbessert dies die Beziehung für die Zukunft, denn die Menschen machen in einer Belastungssituation gute Erfahrungen miteinander.

- Mit jedem erfolgreichen Kritikgespräch bauen Sie Konflikte und Konfliktpotenzial ab. Diese Gespräche haben eine sehr wichtige Ventilfunktion in der Arbeitsbeziehung, bisher Unausgesprochenes kommt auf den Tisch und erhält die Chance bearbeitet zu werden.
- Eine positive Kritikkultur schafft für Mitarbeiter und Führungskräfte gegenseitiges Rollenverständnis. Wir-Gefühl entsteht oder wird gesteigert. Teambildung wird erleichtert.
- Eine positive Kritikkultur schafft eine konstruktive Einstellung zu Fehlern und Fehlverhalten. Kontinuierliche Verbesserungen werden leichter erzielt, weil problematisches Verhalten schneller verändert wird.
- Sie sparen als Unternehmen Zeit und Geld, wenn Veränderungen schneller umgesetzt werden. Kosten, die entstehen, weil fehlerhaftes Verhalten nicht kritisiert wird, können deutlich gesenkt werden. Es muss weniger Nacharbeit geleistet werden, die Qualität nimmt zu.
- Jedes Kritikgespräch bietet die Chance einer guten gemeinsamen Erfahrung von Führungskraft und Mitarbeiter. Eine sturmerprobte Mannschaft, die an erfolgreich durchlebten Belastungsproben gewachsen ist, ist viel verlässlicher und belastbarer als Schönwettersegler, die angstvoll beobachten, wenn sich ein Wölkchen vor die Sonne schiebt.
- Das Betriebsklima und die Arbeitsatmosphäre verbessern sich wesentlich, wenn dieser leidige Kritikstau abgebaut ist und unnötige Reibungsverluste vermieden werden. Der Motor kann volle Leistung bringen, weil Störfaktoren nach und nach weniger werden.

Dieser Zustand ist für jede Arbeitsbeziehung erreichbar. Fangen Sie an, notwendige Kritikgespräche mutig zu führen. Geben Sie sich und Ihrem Gegenüber die Chance, kontinuierlich besser zu werden.

4. Weitere Werkzeuge zum Umgang mit Regelverstößen

Das Kritikgespräch ist ein wirkungsvolles Werkzeug für Menschen, die Veränderungen anstoßen wollen. Gleichzeitig ist es jedoch ein vergleichsweise aufwändiges Instrument, denn es erfordert zum Beispiel Vor- und Nachbereitung. Und außerdem gilt: Wer große Steine ins Wasser wirft, verursacht oft große Wellen, die manchmal unangemessene Wirkung haben. Gerade dann, wenn es um kleinere Verstöße geht, wünschen sich Führungskräfte abgestufte Reaktionsmöglichkeiten, die der unterschiedlichen Bedeutung der Regelverstöße angepasst werden können.

Neben dem Kritikgespräch stehen der Führungskraft zahlreiche Alternativen zur Verfügung, um dem Mitarbeiter Regelverstöße bewusst zu machen. Im Folgenden werde ich Ihnen einige dieser Werkzeuge, die sich in der Führungspraxis besonders bewährt haben, darstellen.

4.1 Sichtbare Kontrollen

Die Kontrollen werden so durchgeführt, dass sie vom Mitarbeiter bemerkt werden. Es erfolgt jedoch keine Ansprache des Regelverstoßes. Ob das Verhalten geändert wird, bestimmt ausschließlich der Mitarbeiter.

Allein durch die sichtbare Überprüfung der Leistungen werden in der Mitarbeiterschaft Verhaltensänderungen angestoßen. Sie kennen vielleicht das Phänomen, dass viele Autofahrer schon deshalb die Geschwindigkeit reduzieren, weil sie eine Radaranlage sehen. Alleine die Anwesenheit der Kontrolle führt zu einer Überprüfung des Verhaltens und gegebenenfalls wird es auch regelgerecht ausgerichtet.

Anwendung

Sichtbare Kontrollen können dann zur Veränderung des Mitarbeiterverhaltens eingesetzt werden, wenn keine rasche Korrektur erfolgen muss. Da keine Absprache bezüglich der Zeitachse zwischen Mitarbeiter und Führungskraft erfolgt, kann es einige Zeit dauern, bis die Wirkung eintritt. Sie verlassen sich darauf, dass der Mitarbeiter selbständig sein Verhalten ändert.

Vorteile in der Führungspraxis

Der Mitarbeiter braucht kein Kritikgespräch über sich ergehen zu lassen und wird daher auch nicht als Regelbrecher gebranndmarkt. Er kann freiwillig sein Verhalten nach der Regel ausrichten und die Beziehung zur Führungskraft bleibt nahezu unbelastet.

Die Führungskraft zeigt Präsenz. Quasi als unbeabsichtigter positiver Nebeneffekt stehen Sie auch für andere Themen als Ansprechpartner zur Verfügung. Sie sind im direkten Kontakt mit Ihren Mitarbeitern.

Zusätzlich erzielen Sie eine erhebliche Breitenwirkung. Nicht nur der kontrollierte Mitarbeiter erfährt die Kontrollwirkung, sondern auch diejenigen, die von der Überprüfung mittelbar erfahren. Beispielsweise spricht es sich herum, dass der Chef morgens durch den Betrieb geht. Da will keiner negativ auffallen und stellt sich den Wecker zehn Minuten früher.

Nachteile in der Führungspraxis

Wenn der Mitarbeiter auf diesen vergleichsweise weichen Impuls nicht reagiert, vergeht wertvolle Zeit, ohne dass das Verhalten korrigiert wird. Deshalb sollte dieses Instrument nur angewendet werden, wenn a) nur eine geringe Dringlichkeit mit der Verhaltensänderung verbunden ist und b) der Mitarbeiter mit seiner Leistungsfähigkeit und -bereitschaft dazu geeignet ist, durch derart weiche Impulse angeregt sein Verhalten eigenständig zu ändern.

Außerdem ist bei diesem Vorgehen keine konkrete Maßregelung dokumentierbar. Sollten Sie den Nachweis eigener Aktivität gegen den Regelverstoß benötigen, greifen Sie besser auf das Kritikgespräch zurück.

Empfehlungen

Die Anwendung dieses Instrumentes wird wesentlich erleichtert, wenn im Unternehmen eine positive Kontrollkultur besteht. Die Kontrollen sollten vom Mitarbeiter positiv wahrgenommen werden, denn sonst werden beispielsweise Annahmen genährt, dass die Führungskraft ihren Mitarbeitern nicht ausreichend vertraut. Außerdem sollte nicht zuviel kontrolliert werden, denn sonst nutzt sich die Kontrollwirkung ab. Es gilt, das rechte Mittelmaß zu finden.

4.2 Feedback geben

Das Feedback (die Rückmeldung) kann man vielleicht als den kleinen Bruder des Kritikgespräches bezeichnen. Auf Stellungnahmen des Mitarbeiters wird komplett verzichtet. Mit einem Feedback geben Sie nur Orientierung. Wunschverhalten können Sie positiv konditionieren und für unerwünschtes Verhalten werden Veränderungen angeregt.

Ein Feedback besteht aus drei Elementen, die jeweils in ein oder maximal zwei prägnanten Sätzen formuliert werden:

1. Beschreibung des Verhaltens

Sie schildern das Verhalten, das Gegenstand des Feedbacks sein soll: „Herr Unsteht, Sie sind am Dienstag und am Donnerstag jeweils 20 Minuten zu spät an Ihrem Arbeitsplatz gewesen.“

2. Bewertung des Verhaltens

Sie bewerten das Verhalten, indem Sie das Verhalten mit der bestehenden Regel konfrontieren: „Herr Unsteht, dieses Verhalten verstößt gegen Ihren Arbeitsvertrag. Darin ist geregelt, dass Ihre Arbeitszeit um 8.00 Uhr beginnt.“

Sollte keine Regel existieren, können Sie sich auch selbst zum Maßstab machen: „Herr Unsteht, das kann ich nicht tolerieren.“

3. Bitte um Veränderung des Verhaltens

Im dritten Element des Feedbacks bitten Sie den Mitarbeiter, sein Verhalten regelgerecht auszurichten. Beispiel: „Bitte halten Sie sich in Zukunft an die bestehende Regel und beginnen Sie Ihren Dienst um 8.00 Uhr."

Exkurs: Feedback zur Konditionierung von Verhalten

Möchten Sie das Feedback einsetzen, um positives Verhalten weiter zu stärken, gehen Sie in ähnlicher Weise vor:

1. Beschreibung des Verhaltens

„Herr Gutleist, Sie haben diese konfliktträchtige Sitzung geleitet."

2. Bewertung des Verhaltens

„Dabei ist sehr deutlich geworden, dass trotz der schwierigen Rahmenbedingungen die Gruppe aufgrund Ihrer nützlichen Impulse sehr arbeitsfähig war."

3. Bitte um Beibehaltung des Verhaltens

„Herr Gutleist, bitte machen Sie in der Form weiter. Es macht große Freude mit Ihnen zusammenzuarbeiten."

Anwendung

Das Feedback kommt zum Einsatz, wenn der Regelverstoß wichtig genug ist, um ihn anzusprechen, jedoch der offizielle Charakter des Kritikgespräches unangemessen erscheint.

Handelt es sich beispielsweise um den erstmaligen Regelverstoß eines leistungsorientierten Mitarbeiters, reicht oft der kleine Impuls der Rückmeldung aus, um das Verhalten nachhaltig zu ändern.

Vorteile in der Führungspraxis

Der Kritikstau in vielen Organisationen wird auch dadurch verursacht, dass die Anwendung des Kritikgespräches unterbleibt, weil es so aufwändig und offiziell ist. Das Feedback ist an dieser Stelle die ideale Alternative. Es besteht aus drei bis fünf Sätzen und kann innerhalb einer Minute gegeben werden. Es bedarf keiner Vorbereitung, sondern kann unmittelbar nach dem Regelverstoß an Ort und Stelle zum Einsatz kommen. Trotzdem können Sie sich später auf das Feedback berufen und nun die Regel als bekannt voraussetzen. Wenn es zu einem nochmaligen Regelverstoß in gleicher Sache kommt, können Sie auf dem Feedback aufbauen.

Nachteile in der Führungspraxis

Leider liegt es in der Natur dieses Instrumentes, dass es oft zwischen Tür und Angel eingesetzt wird. Nahezu beiläufig wird der Regelverstoß bearbeitet. Dadurch fehlt manchmal die Nachhaltigkeit, dem Feedback wird mitunter keine große Bedeutung beigemessen. Um diesen Nachteil zu beheben, leiten Sie das Feedback mit einer Bemerkung ein, die seine Bedeutung unterstreicht: „Herr Unsteht, ich möchte Sie auf etwas Wichtiges aufmerksam machen … ."

Empfehlungen

Setzt ein Vorgesetzter ein Feedback ein, kommt es oft schon durch das Hierarchiegefälle zu einer wirkungsvollen Situation, mit der die gewünschte Nachhaltigkeit bereits erzielt werden kann.

Oft wird die Wirkung des Feedbacks unterschätzt. Auch wenn einige Mitarbeiter die Ernsthaftigkeit des Feedbacks nicht wahrnehmen (wollen), so reicht der Impuls bei vielen Mitarbeitern schon aus, um Verhalten nachhaltig zu ändern. Unserer Erfahrung nach sollte deshalb das Feedback viel häufiger eingesetzt werden. Mit diesem Instrument werden gerade dann sehr gute Ergebnisse erzielt, wenn die Regelverstöße frühzeitig angesprochen werden. Es gilt hier der Grundsatz:

> Wer den Kurs frühzeitig ändert, kommt mit kleineren Kurskorrekturen ans Ziel.

4.3 Wunsch oder Bitte formulieren

Teilen Sie dem Mitarbeiter Ihren Verhaltenswunsch mit oder bitten Sie ihn, ein Verhalten in der gewünschten Weise zu praktizieren. Sie setzen damit den dritten Baustein des Feedbacks isoliert ein.

Anwendung

Um ein Fehlverhalten unmittelbar vor Ort kurz ansprechen zu können, ist der Wunsch oder die Bitte ein passendes Instrument. Vor Ort ist manchmal die Regel einer Vier-Augen-Situation nicht erfüllbar, wenn der Mitarbeiter zum Beispiel in einem Großraumbüro arbeitet. Sprechen Sie diskret zu ihm und passen Sie die Lautstärke der Situation an. Dann können Sie den Vorfall trotzdem direkt ansprechen. Ohne viele Worte zu machen, formulieren Sie Ihren Wunsch und geben dann dem Mitarbeiter Gelegenheit zur Reaktion, ohne diese selbst einzufordern. Beispielsweise kann der Mitarbeiter den Wunsch bestätigen oder nachfragen. Dann geben Sie noch ein paar zusätzliche Informationen. Lösen Sie danach die Kommunikationssituation auf, indem Sie beispielsweise weitergehen.

Vorteile in der Führungspraxis

Hier setzt die Führungskraft einen noch geringeren Impuls als beim Feedback. Dies ist dann ratsam, wenn der Mitarbeiter zum Beispiel sensibel wahrnimmt. Viele Veränderungen lassen sich dadurch leicht bewirken, sodass ein großkalibriges Geschütz getrost im Waffenarsenal verstauben kann. Die Führungskraft verfügt über die Möglichkeit der Sanktion. Dies reicht oft schon aus und kann unausgesprochen bleiben.

Nachteile in der Führungspraxis

Abgesehen davon, dass manche Mitarbeiter den Veränderungsappell, der dem Wunsch oder der Bitte zugrunde liegt, überhören, ist uns kein wesentlicher weiterer Nachteil aus der Praxis bekannt.

Empfehlungen

> Wer auf feine Impulse setzt, traut dem Gegenüber auch zu, auf feine Impulse reagieren zu können.

Gewöhnt sich eine Beziehung daran, auf die leisen Töne zu hören, wird im Umgang miteinander viel Energie gespart, die auf die Arbeitsebene ausgerichtet werden kann.

4.4 Hinterfragen des nicht regelgerechten Verhaltens

Oft ist ein kleiner Impuls zur Kurskorrektur viel wirkungsvoller als ein dramatischer Schuss vor den Bug. Ein kleiner Impuls ist das Hinterfragen des Fehlverhaltens durch die Führungskraft.

Anwendung

Es bieten sich drei Fragen an, um den Mitarbeiter auf den Sachverhalt aufmerksam zu machen:

- „Herr Hinterer, warum machen Sie das [Fehlverhalten] so?"

Dadurch erfahren Sie die Beweggründe des Mitarbeiters, ohne eine Veränderung anzustoßen.

- „Herr Hinterer, wie könnten Sie das [Fehlverhalten] verändern?"

Durch diese Frage legen Sie Ihren Veränderungswunsch offen, ohne dem Mitarbeiter einen Lösungsweg vorzugeben.

- „Herr Hinterer, warum machen Sie stattdessen [Fehlverhalten] nicht [Wunschverhalten]?"

Jetzt zeigen Sie ihm eine Handlungsalternative auf. Sie sind damit sehr lösungsorientiert, machen allerdings eine Vorgabe, die die Lösungskompetenz des Mitarbeiters unterfordert.

Vorteile in der Führungspraxis

Sie können mit diesem Verhalten sehr gezielt Verhaltensweisen des Mitarbeiters ansprechen und Änderungsmöglichkeiten aufzeigen. Besonders geeignet ist diese Technik, wenn wenig Zeit vorhanden ist, denn die Fragen sind schnell beantwortet.

Nachteile in der Führungspraxis

Fragen schaffen immer ein Hierarchiegefälle in der Kommunikation. Es gibt eine Person, die Fragen stellen darf und eine andere, die antworten muss. Dieses Gefälle wird verstärkt durch das Hierachiegefälle, das in den unterschiedlichen Rollen wurzelt.

Mitarbeiter, denen es schwer fällt die Hierarchie zu akzeptieren, reagieren oft mit Rechtfertigung des eigenen Vorgehens.

Empfehlungen

Aus den Vor- und Nachteilen folgt ein Einsatz in Fällen, in denen wenig Zeit zur Verfügung steht und der Mitarbeiter gleichzeitig bei diesem fragenden Vorgehen keine Widerstände entwickelt.

Sollte es während des Gespräches mit dem Mitarbeiter Widerstände geben, können Sie zum Beispiel mit einem Feedback weiterarbeiten.

4.5 Vorbildfunktion

Die Worte und Taten der Führungskräfte genießen meist eine vergleichsweise große Öffentlichkeit, sie stehen im Rampenlicht, vertreten nach innen und nach außen und haben oft eine vielköpfige Zuhörerschaft. Deshalb ist gerade das Tun und Lassen der Führungskraft enorm prägend für das Verhalten der Mitarbeiter. Vorbildliches regelgerechtes Verhalten der Führungskraft führt zu einer Nachahmung genau dieses Verhaltens.

Dies gilt für jedes Verhalten innerhalb und außerhalb der Organisation, egal ob in der Rolle der Führungskraft oder in einer anderen. Sie nehmen die Rolle der Führungskraft mit, auch wenn Sie privat zum Weinfest gehen und dort zufällig von einem Mitarbeiter gesehen werden. Sie werden selbst dann als Führungskraft wahrgenommen und eingeschätzt. Ihr Verhalten wird zur Erfahrung des Mitarbeiters, die ihn in seiner Leistungsfähigkeit und -bereitschaft unterstützt oder hemmt.

Viele Führungskräfte glauben, ihre Rolle zum Beispiel im privaten Umfeld komplett abstreifen zu können, ähnlich dem Anzug, der ausgezogen wird, um Privatmann sein zu können. Dies ist leider ein folgenschwerer Irrtum, gerade auch dann, wenn es im privaten Umfeld Kontakte zu Mitarbeitern oder Kunden gibt.

Grundsätzlich gilt das Beschriebene für jede soziale Rolle, also auch für die des Mitarbeiters. Aufgrund seines geringeren Bekanntheitsgrades und seiner weniger verantwortungsvollen Stellung in der Organisation ist die kulturprägende Wirkung allerdings geringer.

Anwendung

Kulturprägende Impulse können bei jedem Kontakt innerhalb und außerhalb der Organisation gegeben werden. Doch gerade hier zeigt sich, ob die innerhalb der Organisation geforderten Werte und Prinzipien tatsächlich selbst gelebt werden. An dieser Stelle möchte ich ein weit verbreitetes Missverständnis ausräumen:

> Vorbild sein, heißt nicht alles zu können, was der Mitarbeiter kann.

Gerade Mitarbeiter erwarten oft, dass die Führungskraft alles kann, was sie vom Mitarbeiter einfordert. Dieses Fehlverständnis gilt es auszuräumen, denn die Führungskraft hat andere Aufgaben und deshalb andere Qualifikationen und Kompetenzen. Ein beiderseitiges Verständnis von sich ergänzenden Fähigkeiten, die gemeinsam eine effiziente Bewältigung der gestellten Aufgaben gewährleisten, ist viel nützlicher im Umgang miteinander.

> Vorbild sein, heißt für die Führungskraft ihre Aufgaben bezüglich Leistungsfähigkeit und -bereitschaft beispielhaft zu bewältigen, d. h. ihre Mitarbeiter können sich daran ein positives Beispiel nehmen und eigene Lernprozesse am Verhalten der Führungskraft ausrichten.

Vorteile in der Führungspraxis

Das Schöne an der Vorbildfunktion ist, dass durch beispielhaftes Vorleben permanent Einfluss genommen werden kann, weil die Mitarbeiter entsprechend nachahmen.

Nachteile in der Führungspraxis

Der Nachteil ist, Sie kommen nie ganz aus der Führungsrolle heraus. Ihr Verhalten wird immer im Horizont des Unternehmensvertreters wahrgenommen. Damit werden Erfahrungen, die von der Eigenschaft der Führungskraft losgelöst sind, schwierig oder sogar gänzlich unmöglich.

Empfehlungen

Aus meiner eigenen Erfahrung als Führungskraft möchte ich Ihnen zwei Empfehlungen mit auf den Weg geben:

Erstens sollten Sie sich der kulturprägenden Wirkung Ihres Verhaltens bewusst sein und auch im privaten oder halb offiziellen Rahmen entsprechend handeln. Oft ist hier im informellen Kontakt zum Beispiel am Grill oder beim Reiten die Führungskommunikation viel effizienter als innerhalb des Betriebes.

Diese permanent erforderliche Rollenkonformität braucht Stärke und Pflichtbewusstsein, sie zehrt vielleicht sogar Motivation, baut Spannungen auf und schreit später nach Ausgleich. Sie sollten deshalb zweitens darauf achten, dass Sie Lebensbereiche haben, in denen Sie weitgehend losgelöst von der Führungsrolle ihre Zeit genießen können. Es ist kein Zufall, dass Persönlichkeiten des öffentlichen Lebens oft Immobilien im Ausland besitzen, ihr Ferienhaus von sämtlichen beruflichen Kontakten abschirmen oder sich in einer Großstadt die Möglichkeit schaffen, in der Anonymität unterzutauchen.

> Schaffen Sie sich einen Lebensbereich, den Sie genießen können, ohne berufliche Rücksichten zu nehmen.

4.6 Anordnung geben

Sie als Führungskraft können das regelgerechte Verhalten auf der Grundlage Ihres Direktionsrechtes auch anordnen. Bei diesem Vorgehen wird die Beteiligung des Mitarbeiters auf die Ausführung der Anordnung beschränkt. Es geht schnell, jedoch wird die Verhaltensänderung oft durch eine Belastung der Beziehungsebene erkauft.

Anwendung

Wenn rasch gehandelt werden muss, bleibt für Diskussionen keine Zeit. Befehl und Gehorsam ist hier die einzige Möglichkeit, um die Reaktionszeit zu minimieren. Ist beispielsweise die Feuerwehr im Einsatz, wird die Anordnung der Einsatzleitung von den Löschkräften umgesetzt. Für partizipatives Führungsverhalten bleibt keine Zeit, denn das Häuschen würde abbrennen, während noch über die beste Löschstrategie diskutiert wird.

Vorteile in der Führungspraxis

Wenn die Zeit zur Beseitigung des Regelverstoßes drängt, um die Ausweitung des Schadens zu verringern, ist dieses Führungsverhalten angemessen. Damit dieses Verhalten jedoch in der Ausnahmesituation bereitwillig von

Mitarbeitern akzeptiert werden kann, ist es notwendig, in der Normalsituation einen eher partizipativen Stil zu pflegen.

Nachteile in der Führungspraxis

Leider stehen viele Führungskräfte stärker unter Druck als es die Situation erfordert. Sie führen mit Befehl und Gehorsam, obwohl partizipative Instrumente zum Einsatz kommen könnten. Dies nehmen gerade gute Mitarbeiter, die sich mit ihren Potenzialen gerne einbringen, übel.

Empfehlungen

Sollte es in Ihrem Führungsbereich häufiger zu Situationen kommen, in denen angeordnet wird, sprechen Sie mit den Mitarbeitern über die Notwendigkeit dieses Führungsverhaltens.

Sorgen Sie gleichzeitig dafür, dass das Mitgestaltungsbedürfnis der Mitarbeiter nicht zu kurz kommt. Legen Sie in den Normalsituationen großen Wert auf die Ideen und Vorschläge Ihrer Mitarbeiter.

Signalisieren Sie den Mitarbeitern deutlich, wenn es sich um eine Ausnahmesituation handelt, damit sie sich auf das geänderte Führungsverhalten einstellen können. Vereinbaren Sie zum Beispiel das Wort „Notsituation“ als Signal und leiten Sie Ihre Sätze entsprechend ein: „Dies ist eine Notsituation, machen Sie XY!“

4.7 Beteiligung

Hierbei handelt es sich streng genommen nicht um ein neues Werkzeug, sondern um eine methodische Anregung. Aus der Organisationsentwicklung stammt eine wichtige Grundannahme, die auch hier nützlich ist:

> Beteiligung schafft Akzeptanz.

Je höher der Grad der Beteiligung ist, desto höher ist die Identifikation mit der Lösung und deren Akzeptanz. Wenn es die Dringlichkeit des Regelverstoßes erlaubt, sollte ein partizipativer Weg mit den Mitarbeitern gemeinsam gegangen werden.

Es gibt immer zwei Wirkungsrichtungen im Umgang mit Regelverstößen. Offensichtlich zielt die Erste darauf ab, den Regelverstoß zu beseitigen. Die zweite Wirkung richtet sich auf das miteinander Umgehen in dieser fordernden Situation. Hier werden wichtige Führungserfahrungen gesammelt, die das Fundament für die zukünftige Führungsarbeit bilden. Ermöglichen Sie dem Mitarbeiter auch in dieser Situation Erfahrungen von Verlässlichkeit und Wertschätzung.

Das Instrumentarium, um Regelverstöße zu bearbeiten, ist vielfältig. Sie können sich situativ auf die Bedeutung des Regelverstoßes und auf die Leistungsausprägungen des Mitarbeiters einstellen. Prüfen Sie im Vorfeld der Bearbeitung des Regelverstoßes immer, welches Werkzeug die Verhaltensänderung beim Mitarbeiter am leichtesten bewirkt. Denn Ihr Verhalten wird das Fundament legen, auf dem die zukünftige Führungsarbeit aufbaut.

Sie wirken mit Ihrem Führungsverhalten immer auf zwei Ebenen. Erstens wollen Sie das Verhalten des Kritisierten ändern. Zweitens wollen Sie die Leistungsbereitschaft des Mitarbeiters positiv beeinflussen. Berücksichtigen Sie bei der Wahl Ihres Führungsinstrumentariums immer diese zweite Ebene. Wer auf der ersten Ebene Druck und Zwang mit der Brechstange erzeugt, erdrückt die Leistungsbereitschaft.

5. Wege zur Selbstmotivation

Vielleicht kennen Sie folgende morgendliche Situation: Sie beginnen irgendwie den Tag und Sie wissen von einer Sekunde auf die andere, heute ist nicht Ihr Tag. Plötzlich ist die gute Laune verflogen. Ihre Gedanken verdüstern sich, der Tatendrang ist weggeblasen und Sie fühlen sich ausgelaugt.

Menschen fehlt oft die Energie, ihre Aufgaben zu bewältigen. Viele haben sich bereits an die Erfahrung gewöhnt, dass sich eigene Ideen nicht realisieren lassen und weigern sich deshalb zu träumen. Mutlos lassen wir uns treiben, ohne das Ruder in die Hand zu nehmen. Wir stehen im Regen und andere weisen uns eine unmündige Rolle zu. Wir fühlen uns kraftlos, haben Selbstzweifel und misstrauen unseren eigenen Fähigkeiten. Wir fühlen uns ausgebrannt, müde und lustlos. Trübsinn und Lethargie machen sich ungehindert breit wie ein undurchdringlicher Nebel, der uns den Zugang auf unsere Motivationsquellen verschleiert.

Dabei sehnen wir uns nach einem Leben auf der Sonnenseite. Wir wünschen uns mehr Begeisterung und Motivation, um die Berge im eigenen Leben versetzen zu können. Wie schön wäre es, wenn wir uns den Zugang auf unsere eigenen Motivationsquellen erschließen könnten. Dies gilt beruflich und privat, als Führende und als Geführte.

> Motivation ist die Kunst, sich selbst und andere emotional positiv zu beteiligen.

Begeisterung für eine Person oder Sache kommt häufig ganz unverhofft, sie ist plötzlich da, lässt uns erstrahlen und erfüllt uns mit Kraft und Energie. Wir erleben kraftvollen Tatendrang in jeder Faser unseres Körpers. Uns gehen plötzlich Dinge leicht von der Hand, die vorher noch mit Schwierigkeiten behaftet waren. Wir setzen in die Tat um, was gerade noch unerreichbar fern lag. Wir fühlen uns stark, sprühen vor Ideen und glühen vor Lebensfreude. Wir brennen für neue Möglichkeiten und sind Feuer und Flamme für uns selbst.

Es gibt immer wieder Menschen, die mit solcher Energie große Leistungen erbringen und berühmt dafür werden. Was ist diesen Menschen gemeinsam? Wir lüften das Geheimnis um Motivation und Begeisterung ein wenig. Wir zeigen Wege auf, wie Sie sich die eigene Motivation und Begeisterung erschließen können.

Unsere soziale Umgebung beeinflusst unsere Gefühle und wir wirken auf die Gefühle unserer Umwelt. Unsere Gefühlswelten sind in Wechselwirkung.

> Menschen schließen sich Menschen an, die positive Stimmungen verbreiten. Menschen lehnen Menschen ab, die negative Stimmungen verbreiten.

Sie können nur Menschen für Ihre Sache gewinnen, wenn Sie Ihr Anliegen begeistert vertreten. Auch zu diesem wichtigen Bereich werden wir Ihnen Anregung aus der Praxis zur Verfügung stellen. Sie werden erfahren, wie Sie sich selbst zu Spitzenleistungen führen können. Dieses Werkzeug bereitet den Boden für Einstellungen, die Sie mehr Lebensfreude gewinnen lässt. Dadurch werden Sie der Meister bzw. die Meisterin Ihrer Motivationsquellen.

Der Dreh- und Angelpunkt der Motivation ist die Nachhaltigkeit. Ein Strohfeuer ist schnell entzündet und abgebrannt, oft bleibt leider nur Asche zurück. Deshalb möchten wir uns von kurzfristigen Effekthaschereien deutlich distanzieren. Verblüffende gruppendynamische Tricks von laut trommelnden Kohleläufern führen nicht selten zu einer Flucht aus der Realität. Auf verträumten Wegen führt ein hoch bezahlter Rattenfänger in die Irre. Meist werden nur die Taschen des Gurus gefüllt, indem die Taschen der Jünger geleert werden. Diese vermeintlichen Heilsbringer werden selbst zur Droge und führen in die Sucht. Und wenn die Jünger aus dem Rausch erwachen, sind die ursprünglichen Probleme meist größer als zuvor.

Begeisterung ist nur dort nachhaltig, wo Menschen in die Lage versetzt werden, ihr Leben selbst positiv zu gestalten. Motivation soll Menschen dazu bringen, das Ruder für ihr Lebensschiff sicher zu führen. Dann ist Begeisterung ein dauerhafter Begleiter im Leben, fest verwurzelt in den eigenen Fähigkeiten und Einstellungen.

Die nachfolgend vorgestellten Strategien sind zwar vom Ursprung her für Führungskräfte konzipiert, doch sind sie für alle Leser zur Motivationssteigerung einsetzbar. Sie erhalten zunächst Anregungen, durch die Sie Ihr Selbstbewusstsein aufbauen. Danach werden Sie Wege kennenlernen, um (noch) erfolgreicher zu werden und sich darüber eine dauerhaft sprudelnde Motivationsquelle zu erschließen. Oft wird zusätzliches Durchhaltevermögen dann gebraucht, wenn es einmal Fehlschläge geben sollte. Ergänzende Leistungsreserven können Sie sich erschließen, indem Sie sich mentale Strategien zu eigen machen. Schließlich erhalten Sie Informationen zur Steigerung der Aktivität.

5.1 Selbstbewusstsein stärken

Sich selbst über die eigenen Fähigkeiten und Potenziale bewusst zu sein, ist eine wichtige Voraussetzung, um beherzt seine Aufgaben zu bewältigen. Bauen Sie Ihr Selbstbewusstsein aus und vertrauen Sie Ihren Kenntnissen, Erfahrungen und Stärken.

5.1.1 Machen Sie sich Ihre Stärken bewusst

Viele Menschen denken ausgiebig über ihre Schwächen nach. Oft wissen wir deshalb sehr gut, was wir alles nicht so gut können. Wir kennen Situationen gleich bündelweise, in denen wir uns nicht mit Ruhm bekleckert haben. Wir schenken diesen negativen Gedanken sehr viel Raum und füttern dadurch unser Unterbewusstsein mit unseren Unzulänglichkeiten.

Leider stellt uns unser Unterbewusstsein dann auch nur negative Impulse zur Verfügung, wenn wir es als Ratgeber brauchen.

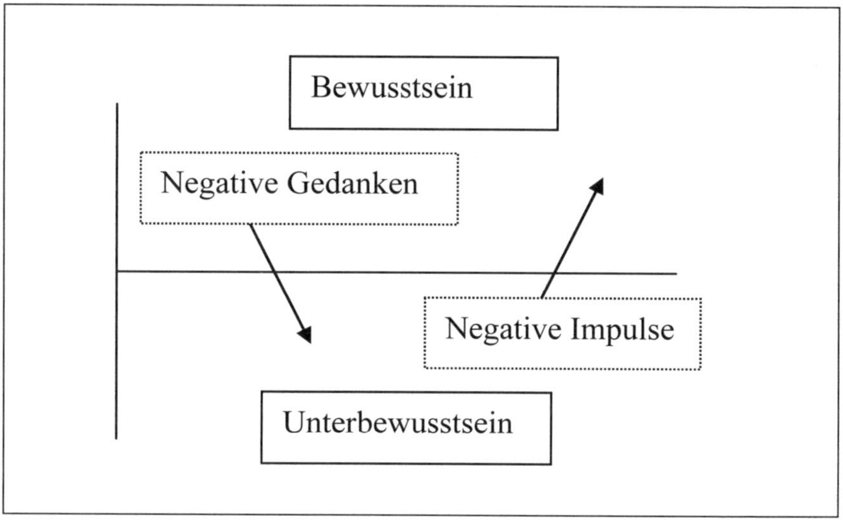

Abbildung 8: *Wirkung negativer Gedanken auf das Unterbewusstsein*

Auf die eigene Motivation wirkt es sich dagegen positiv aus, wenn Sie Ihr Unterbewusstsein mit positiven Gedanken füttern. Beispielsweise folgende Fragen helfen Ihnen, sich mit den eigenen Vorzügen zu beschäftigen:

- Was können Sie besonders gut?
- Was sind Ihre hervorstechenden Eigenschaften?
- Was sind Ihre Stärken?
- Wodurch zeichnen Sie sich aus?
- Warum können Sie stolz auf sich sein?
- Warum haben Sie ein starkes Selbstbewusstsein?
- Was macht Sie beliebt?
- Was tun Sie gerne?
- Was können Sie, was andere nicht können?
- Was macht Sie attraktiv beim anderen Geschlecht oder als Gesprächspartner?

Solche Fragen bringen Sie in Verbindung mit Ihren positiven Eigenschaften und Fähigkeiten. Je mehr Sie sich mit Ihren Vorzügen beschäftigen, umso mehr werden Sie Ihr Unterbewusstsein positiv beeinflussen. Damit machen Sie Ihr Unterbewusstsein zu einem kraftvollen Verbündeten, der Sie stärkt, wenn es darauf ankommt.

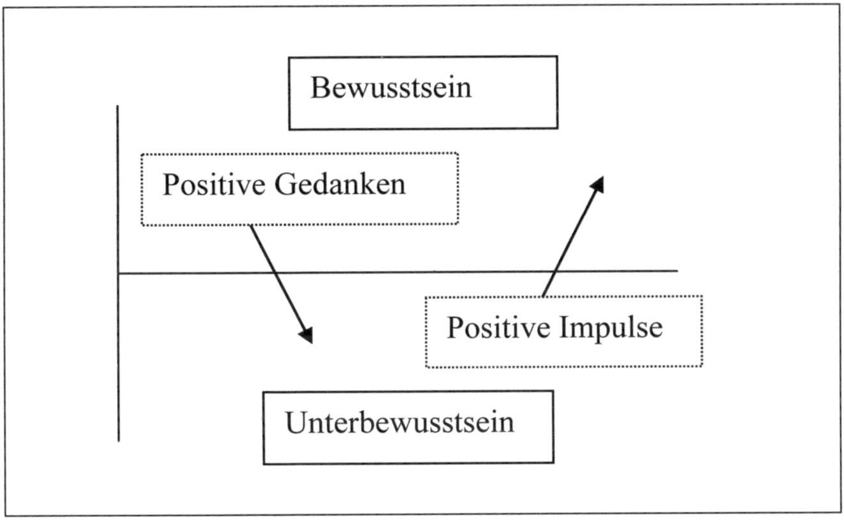

Abbildung 9: *Wirkung positiver Gedanken auf das Unterbewusstsein*

Sie werden mutiger und trauen sich Dinge zu, die Sie vorher angstvoll erzittern ließen. Dadurch werden Sie tatsächlich leistungsfähiger. Sie werden Ihren Erfahrungsschatz systematisch ausbauen und werden Schritt für Schritt besser werden. Erfolge werden sich feiern lassen und es fällt Ihnen leicht, sich emotional positiv auf Ihre Aufgaben einzustellen.

5.1.2 Kommunizieren Sie positiv

Die Sprache ist der Schlüssel zu positiven Gedanken und angenehmen Stimmungen. Eine Kernfrage der Selbstmotivation lautet: „Lösen Sie positive Gedanken bei sich und Ihrer sozialen Umgebung aus?“

> Trainieren Sie sich darin, die positiven Seiten nicht nur zu sehen, sondern diese auch sprachlich zum Ausdruck zu bringen.

Vielen Menschen fällt es schwer, über sich und die eigenen Leistungen positiv zu sprechen. Sie hüllen sich sofort in Schweigen, wenn es darum geht, eigene Leistungen wirkungsvoll ins Gespräch zu bringen.

Oft werden in diesen Situationen sogar gegensätzliche Grundannahmen ausgelöst, wie zum Beispiel: „Spiel dich nicht in den Mittelpunkt.“, „Nimm dich nicht so wichtig.“ oder „Mit dem Hut in der Hand kommt man durchs ganze Land.“ Solche oder ähnliche Sätze hemmen Menschen, sich positiv darzustellen. Diese Menschen verzichten darauf, auf sich aufmerksam zu machen und schaden damit sich selbst. Trotz guter oder sogar weit überdurchschnittlicher Leistungen werden diese Menschen von mittelmäßig Begabten, die sich optimal präsentieren, in rasantem Tempo links überholt.

Wer dauerhaft darauf verzichtet, sich in Szene zu setzen, verlernt es mit der Zeit und fängt an, dieses Verhalten vor sich zu rechtfertigen. Es ist dann eben irgendwann normal, dass die süßesten Früchte nur die großen Tiere bekommen. Man schiebt die Schuld zum Beispiel auf die unvollkommenen und unveränderbaren Rahmenbedingungen und stiehlt sich damit durch die Hintertür aus der eigenen Verantwortung.

Viele Menschen haben zudem ihre Defizite sehr präsent und erleben dadurch die angestauten negativen Gefühle sehr stark. Diese Menschen sprechen und denken über sich negativ und manchmal nimmt ihr Gesichtsausdruck sogar negative Züge an. Den positiven Seiten des Lebens, den eigenen Erfolgen und Fähigkeiten wird sehr wenig Aufmerksamkeit geschenkt.

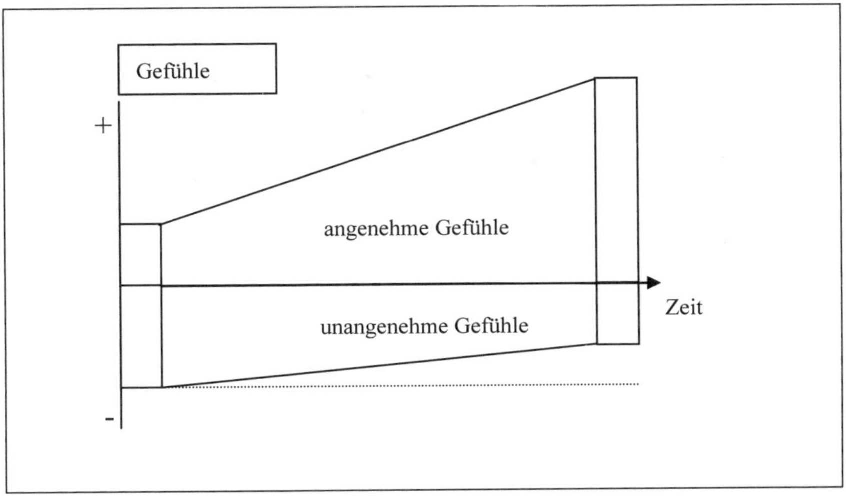

Abbildung 10: *Wachstum angenehmer Gefühle*

Viel motivierender ist ein gegensätzliches Verhalten: Durch bewusst positiv formulierte Gedanken wird die häufige Präsenz des Negativen Schritt für Schritt zurückgedrängt. Zuversichtliche Gedanken gewinnen mehr und mehr Raum und erfüllen mit der Zeit das eigene Denken. Je mehr ein Mensch daran gewöhnt ist, sich in den angenehmen Bahnen zu bewegen, umso weniger Energie fließt in einschränkende Bereiche.

Pflegen Sie eine positive Sprache und Sie werden sich selbst für Ihre Ziele gewinnen. Wer in der Lage ist, sich selbst zu überzeugen, dem wird es auch gelingen, andere von seinen Ideen zu begeistern.

> Menschen schließen sich Menschen an, die eine positive Stimmung verbreiten. Menschen lehnen Menschen ab, die eine negative Stimmung verbreiten.

Sie steuern über Ihre Sprache und Körpersprache, welche Stimmung Ihre Umwelt von Ihnen wahrnimmt. Sprechen Sie positiv über sich und das, was Sie wollen.

5.1.3 Nutzen Sie Ihre erzielten Erfolge

Befragen wir Menschen nach ihren Erfolgen, müssen sie oft länger überlegen, bis ihnen etwas einfällt. Vielfach sind uns unsere Erfolge nicht präsent. Dabei bilden die Erfolge tragfähige Brücken zu den Ressourcen der Gegenwart. Die Erinnerung an die Erfolge verbindet uns mit den Fähigkeiten und Ressourcen, die diese Erfolge ermöglichten.

Gerade, wenn die Gegenwart viel von uns verlangt, sollten wir uns an Situationen erinnern, die wir bewältigt haben, in denen wir Erfolge feiern konnten. Sie haben damals vielleicht eine richtige Entscheidung getroffen, Sie waren belastet und haben durchgehalten, Sie haben etwas riskiert und Recht behalten.

> Ziehen Sie Energie für die Gegenwart aus den Erfolgen der Vergangenheit. Nutzen Sie diese Möglichkeiten, um sich selber Mut zuzusprechen.

Sie haben schon viele Dinge geleistet, Sie haben Erfahrungen gesammelt und Kenntnisse erweitert. Heute sind Sie in vielen Bereichen besser ausgestattet als zu der Zeit, aus der Ihre Erfolge stammen.

5.2 Mit Zielen zum dauerhaften Erfolg

Es ist eine alte Weisheit: „Wer mit Zielen seinen Acker bearbeitet, kann mit Erfolgen reiche Ernte einfahren.“ Vielen von uns ist der Kontakt zu den eigenen Erfolgen verloren gegangen. Setzen Sie Ihre Erfolge gezielt ein, um eigene Motivation zu entfalten. Träume sind eine der wichtigsten Quellen für selbst gesetzte Ziele.

5.2.1 Pflegen Sie Ihre Träume und Visionen

Träume und Visionen bilden den emotionalen Hauptspeicher, aus dem unsere Wünsche und Ziele gespeist werden. Für die Motivation von entscheidender Bedeutung sind gerade die Träume und Visionen, die unsere Zukunft erkunden. Träume versetzen uns in zukünftige Welten. Und unser Unterbewusstsein testet im Traum, wie es sein wird, wenn wir eine erträumte Situation erreicht haben. Wir statten während des Traumes die Zukunft mit Gefühlen aus.

Sie entscheiden, wie stark Sie diesen Speicher für sich nutzen möchten. Ich kenne Menschen, die glauben, dass Wünsche und Träume nicht in Erfüllung gehen. Sie leben nach dem Grundsatz „Träume sind Schäume". Sie denken, Träume sind etwas für Kinder, das harte Leben gewöhnt einem das Träumen ab. In unserer rationalen Welt haben Träume keinen Platz. Leider versperren Sie durch solche Annahmen den Zugang zu Ihren Träumen und Visionen.

Oft bemerken Erwachsene die Tagträume von Kindern und sanktionieren sie mit: „Hör das Träumen auf!" oder „Sei kein Traumtänzer." Kinder können Fantasie und Wirklichkeit noch nicht sauber unterscheiden. Sie schildern beispielsweise abends ihren Tagesablauf mit tatsächlich erlebten Ereignissen und mit fantasierten Geschichten. Diese fantasierten Anteile werden von unwissenden Eltern mitunter abgewertet oder als Lüge dargestellt. Wer als Kind solche Erfahrungen macht, hat als Erwachsener das Träumen oft verlernt und muss es neu lernen, um sich diese Motivationsquellen zu erschließen.

Es ist sehr angenehm von Lebensumständen zu träumen, die Sie gerne herbeiführen möchten. Manche träumen von materiellen Reichtümern, einer erfüllten Partnerschaft oder einem sicheren Arbeitsplatz. Sie können sich auch Fähigkeiten erträumen, die Sie gerne hätten. Sie könnten zum Beispiel von der Fähigkeit träumen, charmant und kontaktfreudig auf andere zu wirken, die Sprachlosigkeit in bestimmten Situationen zu überwinden, Chinesisch zu sprechen oder ein guter Redner oder eine gute Rednerin zu sein. Diese Träume sind Balsam für die Seele und ein Genuss für Sie selbst.

Nehmen Sie Ihre Wünsche, Träume und Visionen Ernst. Geben Sie sich Zeit zum Träumen.

> Gönnen Sie sich bewusst täglich Ihre Traumzeit und entspannen Sie sich mit einer Reise in Ihr persönliches Traumland.

Fünf bis zehn Minuten pro Tag reichen schon aus. Sie werden feststellen, dass Sie sich emotional verändern. Sie fühlen sich besser und Ihre Gedanken richten sich positiv aus. Diese Traumzeit wird eine Ihrer starken Kraftquellen sein, aus der Sie schöpfen können, wenn Sie zusätzlichen Antrieb und Motivation brauchen.

5.2.2 Führen Sie Ihr persönliches Erfolgstagebuch

Eines der besten Instrumente, um sich zu motivieren, ist das Erfolgstagebuch. Ein normaler DIN A5 Terminkalender reicht bereits aus, um jeden Tag erfolgreich zu machen.

Schreiben Sie jeden Tag Ihren Tageserfolg auf.

Das kann zum Beispiel ein Telefonat oder ein Gespräch sein, das Sie schon mehrere Tage vor sich herschieben. Was haben Sie heute das erste Mal ausprobiert? Was haben Sie sich getraut? Haben Sie heute vielleicht ein Tages- oder Wochenziel erreicht? Lernten Sie heute etwas Interessantes oder haben Sie jemanden kennengelernt?

Besonders schön ist es, den Tag mit dem Tageserfolg zu beenden. Ich beende seit mehreren Jahren meinen Arbeitstag durch das Aufschreiben des Tageserfolges. Es ist eine sehr erfolgreiche Beendigung eines erfolgreichen Arbeitstages. Durch diese Angewohnheit machen auch Sie jeden Tag erfolgreich. Sie gehören zu den Erfolgreichen auf diesem Planeten. Feiern Sie Ihre Tageserfolge am Wochen- oder Monatsende.

Durch das Erfolgstagebuch schaffen Sie sich einen positiven Tagesausklang und füttern damit Ihr Unterbewusstsein. Zusätzlich ist der Tageserfolg eine hervorragende Einschlafhilfe. Es ist in wissenschaftlichen Kreisen inzwischen bekannt, dass die Qualität der Gedanken unmittelbar vor dem Schlaf über die Güte des Schlafes entscheidet. Erinnern Sie sich deshalb vor dem Zubettgehen an die Tageserfolge des vergangenen Tages oder der letzten Tage. Eine ähnlich entlastende Funktion hat das Abendgebet vor dem Einschlafen. Probieren Sie es aus: Sie werden viel erquickender schlafen.

Aus meiner eigenen Erfahrung weiß ich, dass die Wahrnehmung für meine ganz persönlichen Erfolge geschärft wird. Es gibt viele Situationen oder Handlungen, die als Tageserfolge infrage kommen, die aber ohne tägliche Dokumentation leicht in Vergessenheit geraten.

Wer sein Erfolgstagebuch täglich führt, kann von sich sagen: Ich bin ein erfolgreicher Mensch. Das ist erstrebenswert und das motiviert.

5.2.3 Setzen und erreichen Sie Ziele.

Über Ziele und deren Erreichung sind schon viele Bücher geschrieben und Vorträge gehalten worden. Die Inhalte sind zwar oft bekannt. Leider werden sie jedoch nicht konsequent umgesetzt. Teils liegt der Grund in der eigenen Bequemlichkeit, teils aber auch darin, dass das Bestehende viel vertrauter ist als das zu Erreichende. Viele anfangs Zielstrebige lassen deshalb in der Anstrengung nach und brechen schließlich ganz ein.

Schlimm ist, dass dadurch das ursprüngliche Ziel nicht erreicht wird. Schlimmer ist, dass es durch diese Erfahrung schwerer wird, sich neue und anspruchsvollere Ziele zu setzen. Das Schlimmste jedoch ist, dass sich Menschen daran gewöhnen, dass Ziele unerreichbar bleiben. Wer diese Einstellung sein Eigen nennt, schwimmt mit seinem Lebensschiff steuerlos. Treibend werden diese Menschen schnell zum Spielball unterschiedlichster Strömungen.

Deshalb ist es so wichtig, sich Ziele zu setzen und diese zu erreichen. Wer selbst die Erfahrung gesammelt hat, dass er eigene Ziele erreichen kann, der hat dadurch meist ein gesundes Selbstvertrauen aufgebaut.

Diejenigen Leser, die gerne Ziele setzen und erreichen möchten, sollten folgenden Fragenkatalog kurz beantworten.

Fragen	ja	nein
Können Sie fünf Ihrer Ziele nennen?		
Haben Sie sich berufliche und private Ziele gesetzt?		
Haben Sie sich im letzten Monat ein neues Ziel gesetzt?		
Schreiben Sie sich Ihre Ziele auf?		
Haben Sie in der letzten Woche einen Meilenstein kontrolliert?		
Haben Sie im letzten Monat ein Ziel erreicht?		
Haben Sie die letzte Zielerreichung gefeiert?		
Haben Sie die neuen Ziele mit Ihren vorherigen abgestimmt?		
Haben Sie Ihre soziale Umwelt von den Zielsetzungen informiert?		

Abbildung 11: *Checkliste zur eigenen Zielorientierung*

Wenn Sie eine der Fragen mit „Nein“ beantwortet haben, sollten Sie die nächsten Seiten komplett studieren. Haben Sie alle Fragen mit „Ja“ beantwortet, können Sie den Abschnitt über Ziele getrost überblättern.

Vorab möchte ich Sie noch auf einen Strategiefehler hinweisen, den viele Menschen begehen: Sie richten ihre Ziele einseitig materiell aus. Der Erwerb oder der Besitz von Geld spielt bei Zielsetzungen oft eine sehr dominante Rolle. Der Grund hierfür ist darin zu suchen, dass fehlende Mittel als begrenzender Faktor für ein erfülltes Leben erlebt werden. Und hier liegt der Irrtum: Der begrenzende Faktor für ein erfülltes Leben ist die Zeit.

Dabei haben die Faktoren Zeit und Geld Vieles gemeinsam. Es gibt Menschen, die haben zu viel davon und andere haben zu wenig. Es gibt Menschen, die können gut damit umgehen, andere nicht.

Eine viel wesentlichere Rolle spielen jedoch die Unterschiede zwischen Zeit und Geld bei Zielsetzungen. Geld kann man beispielsweise sparen, Zeit nicht. Geld vermehrt sich durch den Zins. Die Zeit vergeht und uns steht immer weniger zur Verfügung.

Geld ist nahezu beliebig vermehrbar, Zeit nicht. Es gibt viele Menschen, die mit einer brillanten Strategie am rechten Ort und im passenden Zeitalter ein Milliardenvermögen gemacht haben. Doch auch diese Menschen können ihre Zeit nicht vermehren.

Für Geld gibt es Konten und wenn ich mir meinen Kontostand anschaue, weiß ich immer sofort, wie viel ich noch habe und kann mein Konsumverhalten darauf ausrichten. Mit der Zeit ist das anders. Da weiß ich nur, dass sie ständig durch das Stundenglas des Lebens rieselt. Ich weiß jedoch nicht, wie viel Sand sich bei mir noch oben im Glas befindet. Ich stehe also vor der Herausforderung, Zeit zielorientiert zu planen, ohne Informationen darüber, wie viele Ressourcen ich noch habe.

Daraus folgt, dass der Hauptsinn von Zielen ist, Zeit effektiv zu strukturieren. Nur wer mit seiner Zeit sinnvoll umgeht, wird langfristig lohnende Erfolge feiern.

> Setzen Sie sich Ziele in allen Lebensbereichen, denn damit bilden Sie die Grundlage für ein ausgewogenes, erfülltes Leben.

Wie kommen Sie nun an Ziele, die Sie auch erreichen können? Folgende neun Anregungen erleichtern Ihnen die Zielformulierung und die konsequente Erreichung:

1. Sammeln Sie Informationen.
2. Fordern Sie sich kontinuierlich.
3. Setzen Sie sich einen konkreten Termin.
4. Formulieren Sie das Ziel positiv.
5. Motivieren Sie sich mit den Konsequenzen.
6. Setzen Sie überschaubare Meilensteine.
7. Messen Sie Ihr Ziel quantitativ oder qualitativ.

8. Führen Sie einen Kompatibilitäts-Check durch.

9. Überarbeiten Sie Ihren Zielekatalog in einem festen Rhythmus.

Lassen Sie uns die Anforderungen auf den folgenden Seiten konkretisieren, denn wir befinden uns an dieser Stelle an einem Kernpunkt der Motivation.

1. Sammeln Sie Informationen.

Beschaffen Sie sich Daten über das Ziel. Danach bilden Sie sich eine möglichst konkrete Vorstellung vom Angestrebten. Dadurch stellt sich meist erst heraus, ob Sie es wirklich wollen. Denn nur, wenn Sie es sich wirklich wünschen, werden Sie auch die Energie aufbringen, den Weg durchzuhalten.

> Listen Sie Ihre Träume und Wünsche auf, schreiben Sie Ihren persönlichen Wunschzettel.

Beantworten Sie folgende Fragen:

- Wie möchten Sie leben?
- Was möchten Sie können?
- Wo wollen Sie leben?
- In welchen Lebensbereichen möchten Sie erfolgreicher sein als bisher?
- Wie wollen Sie sein?
- Was wollen Sie verändern?
- Wie viel möchten Sie verdienen und womit?

Beantworten Sie diese Fragen und versetzen Sie sich gedanklich in die Zeit nach der Zielerreichung: Wie geht es Ihnen jetzt? Welche Gefühle stellen sich ein? Ist dieses Befinden erstrebenswert?

Gerade auch bei Widerständen oder bei attraktiven Alternativen ist es erforderlich, konzentriert zu bleiben und das Ziel nicht aus den Augen zu verlieren. Das gelingt jedoch nur mit einer klaren, gewollten und emotional angestrebten Vorstellung davon, wie toll es sein wird, wenn Sie das Ziel erreicht haben.

2. Fordern Sie sich kontinuierlich.

Die Erreichung des Ziels sollte für Sie Anstrengung bedeuten. Nur wenn Sie sich selbst fordern, werden Sie auch eigene Kräfte mobilisieren, die sonst ungenutzt bleiben. Die Kondition eines Sportlers wird auch nur durch forderndes Training verbessert.

Viele übereifrige Menschen neigen leider dazu, sich zu überfordern. Zu diesem Thema sammeln zum Beispiel viele Häuslebauer leidvolle Erfahrungen. Viele Menschen in dieser Situation nehmen sich vor, ihr Haus in zehn Jahren abzubezahlen und knechten sich mit den Raten von Anfang an so sehr, dass sie den Traum vom Wohnen gar nicht recht genießen können. Oft werden dann frühzeitig Umschuldungen erforderlich – zusätzliche Kosten, die unnötig wären, wenn man sich nicht überfordert hätte. Mit einer solchen Überforderungsstrategie ist in der Regel das Scheitern eines Zieles vorprogrammiert, und man bestätigt sich, dass es keinen Sinn hat, sich Ziele zu setzen.

Planen Sie deshalb mit der Zeit als wichtigster Ressource. Oft ist eine kleine tägliche Zeitspanne viel nützlicher, als einmal in der Woche eine ganze Stunde. Wer regelmäßig eine kleine Strecke zielgerichtet zurück-legt, wird mit der Zeit große Distanzen überwinden.

Der Laie wundert sich manchmal, in wie kurzer Zeit Weltumsegler große Wegstrecken zwischen zwei Kontinenten zurücklegen, obwohl sich das Schiff manchmal nur mit zwei oder drei Knoten bewegt. Oft wird dabei außer Acht gelassen, dass sich das Segelboot vierundzwanzig Stunden pro Tag in die gewünschte Richtung bewegt.

> Fortschritte werden erreicht durch zielgerichtete Kontinuität und Beständigkeit, nicht durch Geschwindigkeit.

3. Setzen Sie sich einen konkreten Termin.

Nur wenn Sie exakt wissen, wann Sie ein Ziel erreicht haben wollen, können Sie einen persönlichen Zielfahrplan erstellen. Der Fahrplan hilft, die Ressourcen auf das Ziel zu kanalisieren.

Menschen versuchen vielfach, sich über die Terminierung ein Hintertürchen zu öffnen. Der Zieltermin wird gar nicht genannt oder wachsweich formuliert. „So schnell wie möglich“ ist eine diffuse Formulierung, die für die Selbstmotivation leider gänzlich wertlos ist. Mit schwammigen Terminierungen machen Sie nicht nur die zeitliche Kontrolle unmöglich, sondern es fehlt auch komplett die zeitliche Ausrichtung Ihrer Ressourcen und einer Priorisierung des Zieles. Wer sich ein Ziel setzt, ohne festzulegen, wann er es erreicht haben will, kann es gleich lassen. Der Termin wirkt wie ein Kompass, der die Richtung vorgibt. Verlassen Sie den Kurs, schlägt die Nadel aus, und Sie können den Kurs korrigieren. Nur mit fordernden Terminen wird der nötige Zeitdruck aufgebaut, der Trödeleien verhindert. Nur mit einem konkreten Termin gibt es negative Konsequenzen bei Nichterreichung des Zieles. Nur mit einem Termin können Sie berechtigt feiern, wenn Sie das Ziel erreicht haben.

4. Formulieren Sie das Ziel positiv.

Diese Anforderung an das Ziel ist eine der Wichtigsten. Beschreiben Sie das Ziel mit positiven Worten, damit die Formulierung des Ziels die gewünschten und erstrebenswerten Bilder auslöst. Wollen Sie beispielsweise aktiver leben, sollten Sie das Ziel nicht so formulieren: „Ich möchte weniger Zeit vor dem Fernseher verbringen.“ Dazu zwei Anmerkungen:

- „Möchte“ ist zu schwach. Sagen Sie besser: „Ich werde …“
- „Fernseher“ löst Bilder von Lieblingsserien aus. Sie erinnern sich automatisch an spannende Momente oder wissenswerte Informationen.

Deshalb nutzen Sie besser positive Formulierungen, wie die Folgende: „Ich werde bis zum 15.06.2008 monatlich ein Werk aus der Bestsellerliste lesen.“ oder „Ich werde bis zum 30.04.2008 wöchentlich zweimal im Fitnessstudio eine Stunde Sport treiben.“

Besetzen Sie das Ziel auch emotional positiv. Stellen Sie sich möglichst plastisch vor, wie gut es Ihnen gehen wird, wenn Sie das Ziel erreicht haben. So erschließen Sie sich automatisch Durchhaltevermögen und Willenskraft.

5. Motivieren Sie sich mit den Konsequenzen.

Wie werden Sie sich belohnen, wenn Sie das Ziel erreicht haben? Hier empfiehlt es sich großzügig gegenüber sich selbst zu sein. Fliegen Sie zum Beispiel nach Erreichen Ihres Zieles vier Tage nach Paris, wenn dies ein Herzenswunsch von Ihnen ist.

Beschäftigen Sie sich mit der Reise, damit die Belohnung in Ihrem Unterbewusstsein wirken kann. Machen Sie einen Reiseplan, suchen Sie ein schönes Hotel aus, machen Sie, was Ihnen Spaß macht. Lassen Sie die Reise vor Ihrem geistigen Auge immer wieder Revue passieren und stellen Sie sich Ihre Belohnung in allen Einzelheiten möglichst plastisch vor.

Motivieren Sie sich nicht nur über die positiven Konsequenzen, sondern legen Sie auch fest, was Sie tun werden, wenn Sie es nicht schaffen. Auch diese Komponente wirkt auf Ihren Einsatzwillen. Verpflichten Sie sich zum Beispiel, den Betrag zu spenden, den Sie für die Parisreise reserviert hatten. Oder wählen Sie eine ungeliebte Tätigkeit aus. Es soll ruhig etwas schmerzlich sein, denn die Vermeidung des Schmerzes motiviert Sie ebenfalls Ihr Ziel zu erreichen.

6. Setzen Sie überschaubare Meilensteine.

Gerade wenn Sie mittel- oder langfristige Ziele erreichen wollen, sind Meilensteine unverzichtbar. Bei jedem Meilenstein können Sie kontrollieren, ob Sie genug getan haben, um den geplanten Meilenstein zu erreichen. Beispielsweise wird meine Autorentätigkeit durch ein Meilensteinsystem gesteuert. Jede Woche gibt es bestimmte Texte, die erstellt oder überarbeitet werden. Am Freitag lässt sich einfach kontrollieren, ob ich das Ziel erreicht habe.

Dieses System gibt mir auch die Möglichkeit, mich wöchentlich zu belohnen. Habe ich das Ziel geschafft, kann ich am Samstag mit der Familie Reiten oder Segeln gehen. War ich nicht fleißig genug, wird der Samstag ganz oder teilweise mit der ausstehenden Textarbeit verbracht. Das ist auch für die Familie unangenehm. Deshalb motiviert mich meine Frau meist, die fehlenden Arbeiten am Donnerstag oder Freitag in den Abendstunden zu machen. Diese Strategie funktioniert sehr gut, denn die meisten Wochenenden sind arbeitsfrei.

7. Messen Sie Ihr Ziel quantitativ oder qualitativ.

Nur Ziele, die gemessen werden können, lassen sich am Meilenstein oder bei Erreichung kontrollieren. Dazu können Sie quantitativ vorgehen, und beispielsweise die Anzahl der gelernten Vokabeln, die Fluktuation oder den Gesundheitsstand zum Maßstab machen. Die Qualität lässt sich zum Beispiel über die erlaubten Toleranzen eines Produktes, die angestrebte Lebensdauer oder ein Rating messen.

Viele Menschen drücken sich auch an dieser Stelle vor der Kontrollierbarkeit. Das Ziel bleibt unbestimmt durch Formulierungen wie: „Ich werde so viel Vokabeln wie möglich lernen", oder „Ich werde möglichst viele Termine einhalten." Der Nachteil ist, dass bei dieser Zielsetzung auch die unwichtigste Alternative Vorrang hat, denn auch, wer seine Zeit mit Unwichtigem verbringt, statt sich mit der Erreichung des Ziels zu beschäftigen, hat sich am Ende so viel wie möglich der Zielerreichung gewidmet – im schlimmsten Fall gar nicht.

Schließen Sie diese Hintertür und machen Sie Ihre Ziele messbar. Damit machen Sie Ihre Leistung für sich selbst überprüfbar. Nur mit dieser Konsequenz können Sie an den Meilensteinen erforderliche Maßnahmen ergreifen, um das Ziel trotz möglicher Abweichungen wie geplant zu erreichen.

8. Führen Sie einen Kompatibilitäts-Check durch.

Ein Sprichwort sagt: „Die Länge trägt die Last." Das gilt für Sie und besonders für Ihr soziales Umfeld. Deshalb ist es unerlässlich, dass sich das Ziel in den sozialen Kontext Ihres Lebens harmonisch einfügt. Nur dann gibt es wenig Widerstände und Störfeuer auf dem Weg.

Ihre Ziele brauchen Zeit, die Sie disponieren. Wenn Sie beispielsweise eine Zusatzausbildung machen, brauchen Sie Zeit für Unterricht, Lernen und Prüfungen. Oft können Sie sich die Zeit verschaffen, indem Sie andere Aktivitäten einschränken. Dies bedeutet jedoch nicht nur, dass Sie auf die Aktivität verzichten, sondern auch auf die damit verbundenen sozialen Kontakte. Die Bereitschaft dazu gilt es über die gesamte Laufzeit der Zielerreichung zu gewährleisten.

Oft werden auch die Auswirkungen auf Partnerschaft und Familie unterschätzt. Wer sich zeitintensive mittel- bis langfristige Ziele setzt, ist gut beraten, die möglichen zeitlichen Konsequenzen für das Umfeld zu benennen und mit dem Partner oder der Partnerin zu besprechen, denn häufig brauchen Sie auf dem Weg zum Ziel Entlastung, die gleichzeitig zu einer höheren Belastung auf der anderen Seite führt.

Zusätzlich gilt, dass das angestammte Rollengefüge gefährdet werden kann. Ist der eine Teil zum Beispiel der Hauptverdiener und der andere Teil fängt eine neue Tätigkeit an, droht intrafamiliäre Konkurrenz. Aus unserer Beratung kenne ich einige Fälle, in denen der plötzliche Erfolg eines der Beteiligten zu einer Belastungsprobe für die Partnerschaft wurde.

> Besprechen Sie auch die Folgen der Ziele frühzeitig mit Ihrem sozialen Umfeld.

Dadurch kann sich das Umfeld mit den Veränderungen auseinandersetzen und sich besser darauf einstellen.

9. Überarbeiten Sie Ihren Zielekatalog in einem festen Rhythmus.

Dadurch werden Ihre Ziele ein fester Bestandteil Ihres Handelns. Die besten Erfahrungen haben wir gesammelt, wenn die Ziele anfangs einmal wöchentlich überarbeitet werden. Später, wenn die Arbeit mit Zielen routiniert ist, genügt auch ein zweiwöchiges Intervall. Diese „Zielzeit“ ist mit viel Spaß verbunden, denn Sie beobachten, wie ein Ziel nach dem anderen erreicht wird. Ihre Ziele liegen meist im Zeitplan. Und wenn nicht, macht es genauso viel Spaß sich Maßnahmen zu überlegen, die die Ziele wieder auf Kurs bringen.

> Schreiben Sie sich Ihre Zielzeit als fixe Termine in Ihren Zeitplaner.

Nur so können Sie sicherstellen, dass die Zielzeit nicht durch kurzfristige Prioritäten angeknabbert wird.

Stellen Sie durch den folgenden Fragenkatalog fest, ob Sie alle neun Anregungen in Ihrer Zielformulierung berücksichtigt haben:

Fragen	ja	nein
1. Haben Sie genug Informationen über das Ziel gesammelt, um entscheiden zu können, ob Sie das Ziel wirklich erreichen wollen?		
2. Fühlen Sie sich durch das Ziel gefordert? Sind Sie weder über- noch unterfordert?		
3. Haben Sie sich einen genauen Termin für die Zielerreichung gesetzt?		
4. Haben Sie das Ziel positiv formuliert und auch emotional positiv besetzt?		
5. Haben Sie sich die positiven und negativen Folgen des Ziels vergegenwärtigt? Sind sie in Ihrem Denken, Fühlen und Handeln fest verankert?		
6. Haben Sie Meilensteine gesetzt, die Sie konsequent kontrollieren können?		
7. Ist Ihr Ziel messbar formuliert?		
8. Haben Sie Ihr soziales Umfeld über mögliche Auswirkungen informiert und von Ihrem Vorhaben überzeugt?		
9. Haben Sie regelmäßige Zielzeiten in Ihr Zeitplanungssystem übernommen?		

Abbildung 12: *Checkliste zur Zielerreichung*

Haben Sie alle Fragen mit „Ja" beantwortet? – Beachten Sie die neun Anregungen bei privaten und beruflichen Zielsetzungen. Sie werden feststellen, dass die so gesetzten Ziele eine Eigendynamik entwickeln. Die Ziele erreichen sich quasi selbst.

5.2.4 Belohnen Sie sich für Ihre Erfolge

Gönnen Sie sich kleinere Belohnungen auch schon beim ersten Meilenstein oder wenn Sie einen Tageserfolg in Ihr Erfolgstagebuch schreiben.

Wichtig ist, dass überhaupt eine Belohnung bei erbrachter Leistung erfolgt, denn das Unterbewusstsein lernt dadurch, dass Sie Vereinbarungen mit ihm einhalten, es vertraut Ihnen. Wenn das Unterbewusstsein dadurch lernt, Ihnen zu vertrauen und das Unterbewusstsein gleichzeitig ein Teil von Ihnen ist, dann steigern Sie durch die Belohnung Ihr Selbstvertrauen.

Eine kleine Freude, eine liebevolle Streicheleinheit für das Unterbewusstsein reicht bereits aus. Sie und ihr Unterbewusstsein arbeiten verlässlich zusammen und lernen, sich gegenseitig zu vertrauen. Sie werden ein Team, das gemeinsam durch Dick und Dünn geht. Sie lernen sich selbst zu vertrauen – Selbstvertrauen zu haben. Und die erlebten Erfolge stärken Ihr Selbstvertrauen und motivieren Sie zusätzlich.

5.3 Fördern Sie Ihr persönliches Durchhaltevermögen

Wenn der Weg zum Ziel steiniger wird, verlieren viele Menschen schnell die Lust. Auftretende Schwierigkeiten werden als willkommene Ausrede benutzt, um den eingeschlagenen weg zu verlassen und sich auf die vertrauten ausgetretenen Pfade zu begeben.

Planen Sie langfristig Ihren Lebensweg. Nutzen Sie diesen Plan als Kompass, der Sie daran erinnert, auf dem eingeschlagenen Kurs durchzuhalten.

Akzeptieren Sie Rückschläge als wichtige Orientierungspunkte und Lernfelder. Korrigieren Sie den Kurs; wenn nötig; und freuen Sie sich darüber, dass Sie um eine Erfahrung reicher sind. Nur wer durchhält, kann aus dem Rückschlag lernen und es das nächste Mal besser machen.

Betrachten Sie auftretende Hindernisse als Möglichkeiten zu wachsen und Durchhaltevermögen zu beweisen. Nutzen Sie Ihre kritischen Persönlichkeitsanteile, um Schwierigkeiten zu identifizieren und sich darauf intelligent einzustellen.

5.3.1 Pflegen Sie Ihren internen Kritiker

Der interne Kritiker in uns schützt vor unüberlegten oder gefährlichen Schritten. Ziel ist es deshalb ausdrücklich, nicht die kritischen Anteile komplett zu verlieren.

Einerseits fühlen sich viele Menschen der ungezügelten Macht ihres internen Kritikers hilflos ausgeliefert und verweigern sich deshalb allem Neuen. Ihre mahnende innere Stimme ist so stark, dass Ziele Versagensängste auslösen.

Andererseits bringt der interne Kritiker viele Erfahrungen ein, die wir nutzen können, um Ziele so auszurichten, dass der gewünschte Erfolg eintritt.

Es geht also darum, das kritische Potenzial zu nutzen und die Energie zielorientiert zu kanalisieren.

> Erziehen Sie Ihren internen Kritiker zu einem verlässlichen Ratgeber.

Meine eigene Erfahrung ist, dass die kritischen Anteile sich auch gestalterisch an einer Zielformulierung beteiligen wollen. Fragen Sie deshalb Ihren internen Kritiker ausdrücklich nach einer Stellungnahme oder nach einer Bewertung. Stellen Sie Ihrem Kritiker beispielsweise die Frage: „Welche Gefahren können auftreten?" Nun kann er sich einbringen und seine Bedenken zu Protokoll geben. Damit sitzt der interne Kritiker mit im Boot. Die kritischen Impulse tragen die Zielsetzung mit und verbessern sie vielleicht sogar. Der interne Kritiker ist mitverantwortlich und hält sich mit störenden Bemerkungen zurück.

Es ist wichtig die Beziehung zum eigenen Kritiker zu pflegen, denn er hat noch eine andere wichtige Funktion. Er hilft, die eigenen Ziele gelegentlich kritisch zu hinterfragen. Dadurch klären Sie, ob Sie noch dahin wollen, wohin der Weg Sie führt. Nach einem Meilenstein kann der Weg eventuell fein justiert werden, damit dann die volle Energie zur Erreichung des Zieles verfügbar ist.

5.3.2 Planen Sie Ihre Zukunft aus der Retrospektive

Eines der erfolgreichsten Motivationsinstrumente ist die Planung der verbleibenden Lebenszeit aus der Rückschau. Was zunächst etwas verwirrend klingt, ist eine ausgezeichnete Strategie, lange Zeiträume zu planen.

Versetzen Sie sich in folgende Situation: Es ist Ihr 80. Geburtstag. Sie hatten durch überragende Leistungen in Ihrem Leben die Möglichkeit, sich viele Wünsche und Ziele zu verwirklichen. Sie haben in allen Lebensbereichen große Taten vollbracht, sind zu Ruhm und Anerkennung gekommen.

Große Persönlichkeiten veröffentlichen oft ein Buch über ihr Lebenswerk, in dem sie Ziele, Entscheidungen, Begegnungen und Situationen schildern, die dazu geführt haben, dass sie herausragende Leistungen erbringen konnten.

Ihre Aufgabe: Schreiben Sie aus der Perspektive des 80. Geburtstages Ihr Lebenswerk. Beginnen Sie mit der Gegenwart. Schildern Sie, wie Sie begannen sich Ziele zu setzen, welche Erfahrungen Sie dabei gemacht haben. Schreiben Sie auf, welche wichtigen Entscheidungen dazu führten, dass Sie Entwicklungen forciert haben und sich konzentrieren konnten. Woher kam die Energie für Ihre großen Taten? Was waren Ihre Geheimnisse für den Erfolg? Wodurch fiel Ihnen das Lernen leicht? Welche Bücher und Begegnungen haben Sie beeinflusst? Welche Ideen waren besonders wichtig? Mit welchen Strategien trainierten Sie Ihre Kreativität? Ihr Buch gibt nicht nur Antworten auf alle diese Fragen, sondern setzt Ihr künftiges Leben auch auf eine Zeitachse, denn Ihr Planungszeitraum geht von der Gegenwart bis zum 80. Geburtstag.

Diese persönliche Motivationsgeschichte ist eine wahre Schatztruhe. Ich überarbeite meine Geschichte monatlich und genieße diese Zeit. Es ist schon eine tolle Sache, in seinem Fach so große Leistungen erbringen zu dürfen. Ich schreibe an meiner Erfolgsgeschichte seit mehreren Jahren und viele meiner heutigen Aktivitäten sind hier geboren worden. Soziales Engagement, sportliche Aktivitäten oder auch der Wunsch als Autor aktiv zu werden, sind in meiner „persönlichen Zukunftswerkstatt“ entstanden. Und ich merke auch, während ich diese Zeilen schreibe, dass sich bereits neue Ideen entwickeln, die meine Zukunft gestalten.

Viele Menschen erleben ihr Leben als festgefahren und von anderen vorbestimmt. Falsch! Jeder ist seines eigenen Glückes Schmied. Fachen Sie die Glut mit dieser Trainingseinheit an, erhitzen Sie Ihre Eisen im Feuer. Sie haben einen fantastischen Gestaltungsspielraum. Nutzen Sie die Möglichkeiten, die Ihnen die Zukunft schenkt.

5.3.3 Rechnen Sie mit Rückschlägen

Es gibt natürlich Tage, die laufen nicht so, wir man es gerne möchte. Trotz guter Planung geht manches schief, man ärgert sich über sich selbst oder andere. An solchen Tagen besteht die Gefahr, seine positive Grundeinstellung infrage zu stellen, oder sie sogar ganz über Bord zu werfen. „Ich hab's ja vorher gewusst. Das bringt ja sowieso nichts." Auch diese Stimmungsumschwünge nimmt das Unterbewusstsein auf wie ein Schwamm. Gerade wenn Sie die Möglichkeiten der Selbstmotivation erst seit Kurzem nutzen, wird das Unterbewusstsein diese Gelegenheit nutzen, Sie auf die gewohnten Bahnen zurückzuziehen.

Widerstehen Sie der Gefahr! Rückschläge sind ganz normal. Nutzen Sie andere Strategien, um sich den eigenen Weg klar vor Augen zu führen. Nehmen Sie Ihre Ziele zur Hand und prüfen Sie, ob Sie noch hinter den Zielen stehen. Schauen Sie sich Ihre Erfolge in der Vergangenheit an. Jetzt könnte beispielsweise Ihr Erfolgstagebuch viel Kraft für Sie entwickeln. Lesen Sie sich laut Ihre Selbstsuggestionen vor. Jetzt zahlt sich aus, wenn Sie mehrere Motivationsinstrumente gepflegt haben, denn sie greifen wie ein Zahnrad in das andere. Gerade, wenn es einmal Probleme gibt, merken Sie schnell, wie sinnvoll diese Motivationswerkzeuge aufeinander abgestimmt sind.

5.4 Mobilisieren Sie Ihre Leistungsreserven

Wir sind oftmals Situationen ausgesetzt, in denen wir leistungsfähig sein müssen, trotzdem der Tank schon auf Reserve steht. Natürlich sollte in nächster Zeit ein Tankstellenstop eingelegt werden, damit wir wieder aus dem Vollen schöpfen können. Wer sich nicht die Zeit zum Auftanken nimmt, starrt immer angstvoll auf die Tankanzeige. Das raubt Kraft und Energie, die für eine sichere und zügige Fahrt fehlt.

Bis zum ausgiebigen Auftanken geht es darum, kurzfristig Leistung verfügbar zu machen.

5.4.1 Eigenvertrag

Im Arbeitsalltag kommen oft Situationen auf uns zu, die volle Leistung erfordern. Diese Anforderungen treffen uns auch in einem Leistungstief, zum Beispiel kurz nach der Mittagspause, unmittelbar vor Dienstschluss nach einer harten Verhandlung oder wenn wir einfach einen schlechten Tag haben. Dann brauchen wir eine Motivationsstrategie, die zügig wirkt und uns einen Energieschub zur Verfügung stellt. Hier kommt der Eigenvertrag zur Anwendung. Diese Strategie besteht aus folgenden Phasen:

1. Phase

Sie bilden eine Skala von 1 bis 10. Dabei steht 1 für Motivation auf dem absoluten Tiefpunkt. Sie fühlen sich niedergeschlagen und lustlos. 10 bedeutet, dass Sie sich auf einem Hochpunkt befinden. Sie fühlen sich toll und leistungsfähig und Sie strotzen vor Energie.

2. Phase

Sie skalieren sich ein. Wo befinden Sie sich jetzt auf der Skala? Ich befinde mich zum Beispiel jetzt vor meinem Schreibcomputer, habe mir gerade eine prima Idee notiert, fühle mich großartig, weil ich heute schon ein wichtiges Ziel erreicht habe und skaliere mich auf 7 ein.

3. Phase

Nun überlegen Sie, was Sie jetzt in der Situation, in der Sie sich gerade befinden, für sich tun können, um zwei Punkte auf der Skala zu steigen. Wichtig ist, dass Sie das, was Sie sich vorgenommen haben, wirklich jetzt ohne viel Aufwand tun können. Nutzen Sie die Technik beispielsweise während Ihrer Arbeitszeit, können Sie sich nicht ein paar entspannte Stunden in der Sauna wünschen, denn das lässt sich nicht unmittelbar realisieren. Ich nehme mir jetzt zum Beispiel vor, dass ich konzentriert vier Schluck Tee trinken werde, um zwei Punkte auf der Skala zu steigen.

4. Phase

Sie schließen nun einen Vertrag mit sich selbst. Vereinbaren Sie mit sich, dass Sie das Verhalten aus der 3. Phase zwei Punkte auf der Skala Richtung Hochpunkt verschieben.

5. Phase

Nun praktizieren Sie konzentriert das vereinbarte Verhalten. Nehmen Sie sich Zeit, es zu genießen. Gönnen Sie mir jetzt eine kurze Pause, denn ich trinke genau vier Schluck Tee – toll.

6. Phase

Überprüfen Sie die Skala erneut. Mit etwas Training hat Sie der Eigenvertrag mit Schwung auf der Skala heraufkatapultiert. Bei mir hat es geklappt, ich bin jetzt mindestens auf Stufe 9 meiner imaginären Skala. Ich fühle mich noch besser und mein Schreibtempo hat zugenommen, weil die Gedanken besser fließen.

Diese Motivationsstrategie haben wir zum Beispiel erfolgreich bei einem Lebensmitteldiscounter, in Call-Centern oder in verschiedenen Empfangszentralen eingeführt.

Im Lebensmitteleinzelhandel kommt es zum Beispiel darauf an, dass die Kunden mit einem guten Gefühl den Bezahlvorgang abwickeln können. Für die Steuerung der Emotionen ist die Kassiererin maßgeblich verantwortlich, weil sich ihre Gefühle auf den Kunden übertragen. Bei mehreren Hundert

Kunden pro Tag und einer gleichförmigen Tätigkeit ist die Motivation oft ein Problembereich. Wir führten die Kassiererinnen in die Motivationsstrategie Eigenvertrag ein und vereinbarten als Verhalten, das den Motivationsschub bringt, den nächsten Bezahlvorgang. Die Motivation der Kassiererinnen verbesserte sich merklich. Im Call-Center motivierte der nächste Anruf, in der Empfangszentrale der nächste Kunde.

Der Eigenvertrag bringt Energie just in dem Moment, wenn sie benötigt wird. Mit etwas Training bringt schon der Gedanke an den Eigenvertrag die gewünschte Leistungsfähigkeit.

5.4.2 Positive Selbstsuggestionen

Haben Sie auch schon einmal einem Freund oder Bekannten Mut zugeredet? Haben Sie ihn aufgebaut mit Worten wie: „Das schaffst du!“, „Du kannst das!“, „Das trau’ ich dir zu.“ und „Du wirst sehen, du bist dazu in der Lage.“

Wenn Sie einen anderen Menschen aufbauen können, dann können Sie auch die gleichen Strategien auf sich beziehen und sich aufbauen und motivieren. Sprechen Sie sich die Fähigkeiten und Eigenschaften zu, die Sie gerne hätten.

Doch Achtung: Diese Selbstsuggestionen sind sehr kraftvoll, denn Sie wirken direkt auf das Unterbewusstsein. Es nimmt die Inhalte unkritisch auf und speichert sie ab. Suchen Sie deshalb verantwortet die Suggestionen aus, mit denen Sie sich beeinflussen wollen. Wichtig ist, dass die Inhalte in einfache Hauptsätze gekleidet werden. Komplizierte Schachtelsätze sind zu abstrakt und verfehlen ihre Wirkung. Nehmen Sie folgende Anregung als Beispiel:

- Ich lerne schnell und nachhaltig.
- Ich motiviere mich und andere.
- Ich bin motiviert.
- Ich bin ein interessanter Gesprächspartner.
- Ich bin eine motivierende Führungskraft.
- Ich bin ein hervorragender Verkäufer.
- Ich bin attraktiv.
- Ich bin überzeugend.
- Ich bin ein genialer Unternehmer.

- Ich gehe gut mit Geld um.
- Ich verdiene viel Geld.
- Meine Arbeit macht Spaß.
- Ich bin ein begnadeter Entertainer.
- Ich bin ein liebevoller Vater/eine liebevolle Mutter.
- Ich bin ein liebevoller Ehepartner.
- Ich habe Zeit für das Wesentliche.
- Ich genieße mein Leben.
- Ich entwickle interessante Hobbys.
- Ich bin ein erfolgreicher Autor.
- Ich bin zielstrebig.
- Ich bin ausgeglichen.
- Ich bin belastbar.
- Ist stelle mich sehr gut auf Menschen ein.
- Ich prüfe Neuerungen wohlwollend.
- Ich bin anderen gegenüber aufgeschlossen.
- Ich spreche fließend Englisch.
- Ich bin begeistert von XY.
- Ich bin ein guter Menschenkenner.
- Ich bin stark.
- Ich spüre meine unerschöpfliche innere Energiequelle.
- Ich achte auf körperlichen Ausgleich.
- Körper, Seele und Geist sind gleichberechtigt.

Schreiben Sie Ihre Selbstsuggestionen auf und wiederholen Sie sie gebetsmühlenartig mehrmals täglich. Oder nehmen Sie die Inhalte auf Tonträger auf und hören Sie sich Ihre Sätze an. Dann werden sich die Sätze wie eine schöne Melodie in Ihnen verankern und Sie können sich mit diesen motivierenden Sätzen begleiten.

5.4.3 Verändern Sie demotivierende Glaubenssätze

Die zuvor geschilderte Technik ist nicht nur brillant, um neue motivierende und stärkende Glaubenssätze in unserem Unterbewusstsein zu verankern. Sie ist genauso wirkungsvoll bei der Überlagerung demotivierender Verhaltensimperative. Einige dieser Annahmen haben wir Ihnen zusammengestellt und jeweils einen motivierenden Glaubenssatz gegenübergestellt.

demotivierende Verhaltensimperative	**motivierende Glaubenssätze**
Sei bescheiden!	Ich stelle meine Leistungen in ansprechender Form dar!
Tue, was dir andere sagen!	Ich bilde mir eine eigene Meinung und richte mein Handeln danach aus!
Sei leise!	Ich vertrete meine Ansichten überzeugend!
Nimm dich doch bloß nicht so wichtig!	Ich bin die wichtigste Person in meinem Leben!
Am Lachen erkennt man immer den Narren!	Ich bin ein fröhlicher Mensch und verbreite gute Stimmung!
Sei immer schön artig!	Ich ertrage es, beim anderen Widerstand auszulösen!
Reden ist Silber, Schweigen ist Gold!	Ich überzeuge zielorientiert! Ich mute mich anderen zu.
Wer sich in Gefahr begibt, kommt darin um!	Ich schätze Risiken erfahren ab und bin mutig!
Schuster bleib bei deinen Leisten!	Ich bin innovativ und verbessere mich stetig!
Mit dem Hut in der Hand kommt man durchs ganze Land!	Ich bin leistungsfähig und überzeuge durch meine Taten!
Du sollst dich nicht prügeln!	Ich setze mich auch gegen Widerstand durch!

demotivierende Verhaltensimperative	motivierende Glaubenssätze
Wer schreit, hat Unrecht!	Ich setze meine Stimme dynamisch ein!
Träume sind Schäume!	Ich realisiere meine Träume und führe ein tolles Leben. Meine Träume sind die Quelle für Kreativität, Lebensfreude und einen hohen Lebensstandard.
Einen fröhlichen Geber hat Gott lieb!	Geben und Nehmen sind im Gleichgewicht!
Unternehmer sind Ausbeuter!	Wer viel Mehrwert schafft, soll gut verdienen.

Abbildung 13: *Veränderung demotivierender Glaubenssätze*

Dies sind Beispiele, in denen Sie sich vielleicht wiederfinden. Vermutlich kennen Sie auch noch weitere persönliche demotivierende Verhaltensimperative. Stellen Sie sich Ihre Privatsammlung zusammen, finden Sie motivierende Glaubenssätze und verinnerlichen Sie die Inhalte mit den oben beschriebenen Techniken. Bei konsequentem Training werden Sie innerhalb von sechs bis acht Wochen erste Veränderungen in Ihrer Einstellung zu sich selbst feststellen.

5.5 Aktiv sein: „Sich regen bringt Segen"

Wenn Sie sich doppelt und dreifach absichern müssen, bevor Sie einen ersten Schritt wagen, werden Sie selten motiviert große Sprünge machen. Sie werden auf die Bremse treten und Ihrem Leben Energie nehmen. Drücken Sie stattdessen auf Ihr persönliches Gaspedal. Sie bestimmen, mit welcher Geschwindigkeit Sie in Ihrem Leben unterwegs sind. Nehmen Sie die Zukunft fest in den Blick. Gönnen Sie sich täglich kleine Freuden und nehmen Sie Abschied von Nutzlosigkeiten, die Zeit und Energie kosten. Suchen Sie gezielt Gleichgesinnte und motivieren sie sich gegenseitig.

5.5.1 Überprüfen Sie Ihren Drang zur Absicherung

Menschen verzichten auf viele Aktivitäten, weil sie ein hohes Bedürfnis nach Absicherung haben. Das Fatale ist: Das Gegenwärtige ist immer sicherer als das Zukünftige. Altes ist vertrauter als Neues. Leider macht dieses übersteigerte Bedürfnis nach Sicherheit den Menschen vielfach veränderungsfeindlich.

Veränderungen führen oft auf unbekannte Wege, die aufgrund von mangelnder Erfahrung als unsicher, steinig oder gefährlich eingeschätzt werden. Gerade sicherheitsorientierte Menschen schrecken hier schnell zurück und nehmen die Veränderung gar nicht erst in Angriff.

Durch dieses Verhalten verlangsamt sich das Veränderungstempo dieser Menschen. Sie verzichten auf motivierende Möglichkeiten und machen kaum Erfahrungen mit neuen Situationen. Deshalb sind sie bei der Beurteilung von Veränderungen häufig auf ihre Annahmen von Unsicherheit angewiesen und bestätigen sich dadurch ihr eigenes veränderungs-feindliches Verhalten. Eigenschaften wie Mut und Selbstvertrauen werden kaum gefordert, weil sich diese Menschen möglichst in den gewohnten sicheren Bahnen bewegen.

Dagegen ist ein aufgeschlossenes Verhalten gegenüber Neuerungen für die Selbstmotivation sehr viel nützlicher. Sie beweisen sich, dass Sie die Neuerung meistern können, denn Sie bewältigen den eigenen Anpassungsprozess. Sie lernen freudig, entfalten sich und werden immer besser, ähnlich einem Leistungssportler, der beständig trainiert. Dadurch erweitert sich Ihr Repertoire an Fertigkeiten und Fähigkeiten. Ihre eigenen Erfahrungen nehmen zu und Sie werden sicherer, mutiger und vertrauen sich selbst.

Früher hat mich mein starkes Sicherheitsbedürfnis Veränderungen viel zu zögerlich angehen lassen. Ich arbeitete als Geschäftsstellenleiter in einer Bank, bevor ich Wirtschaftswissenschaften studierte. Dass das Studium meine berufliche Entwicklung fördern würde, war mir sonnenklar. Doch der

Kampf zwischen meinem Sicherheitsbedürfnis und meinen Entwicklungsbestrebungen dauerte drei Jahre, dann hatte die Veränderung gewonnen und ich nahm das Studium auf. Zuvor legte ich aus meinem Sicherheitsbedürfnis heraus eine finanzielle Rücklage an, um den Verdienstausfall während des Studiums zu kompensieren. Ich ließ sie während des Studiums unangetastet.

Wer Veränderungen mit einem starken Sicherheitsbedürfnis angeht, verzögert das Tempo des möglichen Wandels.

> Setzen Sie Ihr Sicherheitsbedürfnis ein, um Chancen und Risiken gegeneinander abzuwägen. Gehen Sie dann mutig Ihren Weg ohne bedauernde Rückschau.

Heute weiß ich, dass der eigene Drang nach Sicherheit durch die richtige Dosierung auch ein wertvoller Partner werden kann. Mein „interner Sicherheitsberater" leistet bei der Analyse von Ist-Situationen sehr nützliche Dienste. Er rät mir zur Vorsicht, wenn ich die Rahmenbedingungen oberflächlich betrachte und zukünftige Entwicklungen zu blauäugig einschätze. Mit anderen Worten, mein „interner Sicherheitsberater" motiviert mich zu einer realistischen Zielbildung.

Gerade Führungskräften, die häufig Ziele anderer bewerten müssen und betriebliche Ressourcen danach kanalisieren, wünsche ich im hektischen Führungsalltag einen solchen „internen Sicherheitsberater", der Sie vor überhasteten Schritten schützt und zum Machbaren motiviert.

5.5.2 Lenken Sie die Blickrichtung auf die Zukunft

Grundsätzlich hat der Mensch zwei Strategien, um Veränderungen zu bewältigen:

- „Von-weg-Strategie" (vergangenheitsorientiert)
- „Hin-zu-Strategie" (zukunftsorientiert)

Viele Menschen setzen auf die „Von-weg-Strategie". Sie möchten sich von einem ungeliebten Zustand weg entwickeln. Damit ist der gedankliche Ausgangspunkt etwas Unerfreuliches oder Negatives. Die Menschen fühlen sich mitunter schuldig, weil ihre Situation verfahren ist. Sie machen sich bittere Vorwürfe, weil Sie Fehler gemacht haben, die zu dem bedauernswerten Zustand beitrugen. Die Blickrichtung dieser Menschen ist auf die Vergangenheit gelenkt. Was vergangen ist, steht jedoch fest und ist nicht mehr veränderbar. Eine so ausgerichtete Gedankenwelt suggeriert Unveränderbarkeit der Zustände, verdammt zur Hilflosigkeit und lässt die Menschen vielfach in der Passivität verharren.

Diese Menschen leiden unter der „Von-weg-Situation“. Sie bringen nicht die Energie auf, diese Situation aus eigener Kraft zu verlassen. Die „Von-weg-Strategie“ erstickt förmlich die Selbstmotivation. Selbst wenn die Ist-Situation einen gewissen Veränderungsdruck auslöst, sind die freigesetzten Kräfte viel zu schwach und zu negativ, um eine nachhaltige Veränderung zu bewirken. Die Umstände wirken so erdrückend und einschnürend, dass der Motivation die Luft abgewürgt wird.

Dagegen aktiviert die „Hin-zu-Strategie“. Sie setzt zusätzliche Kräfte frei, weil sie sich mit dem gewollten Zustand auseinandersetzen. Das „Hin-zu“ ist angestrebt, es soll herbeigeführt werden. Es ist positiv, es liegt in der Zukunft und es ist durch eigenes Handeln in der Gegenwart erreichbar. Hier können Sie Verantwortung für das Gelingen übernehmen und können maßgeblich selbst bestimmen, wie Sie den Weg zum „Hin-zu“ gestalten. Das hohe Maß an Selbstverantwortung setzt Energie und Kraft frei.

Sicher, es sollte eine gewissenhafte Analyse des Ist-Zustandes durchgeführt werden, bevor ein Ziel gebildet wird. Eine begrenzte Auseinandersetzung mit dem „Von-weg“ ist richtig und auch wünschenswert, um von zutreffenden Rahmenbedingungen für die Zielsetzung auszugehen. Viele Menschen bleiben jedoch auch nach der Ist-Analyse „Von-weg-verliebt“. Sie haben Schwierigkeiten, sich auf das Angestrebte zu konzentrieren. Diese „Von-weg-Verliebtheit“ defokussiert die Energien, spaltet sie auf, und zerfasert den Veränderungsprozess.

Deshalb sollten Sie den Ist-Zustand kritisch prüfen und die Rahmenbedingungen sorgsam einschätzen. Sie sollten die Ressourcen für das Ziel vorsichtig bemessen und vielleicht Sicherheitspuffer bilden. Nutzen Sie einige Meilensteine, um das Ziel zu überprüfen und gegebenenfalls Anpassungen vorzunehmen. Jedoch wenn Sie diese Vorkehrungen getroffen haben, sollten Sie losmarschieren, das Ziel fest im Blick. Richten Sie sich mit der „Hin-zu-Strategie“ aus. Setzen Sie kraftvolle Energien frei, indem Sie auf das Angestrebte zuarbeiten, statt zurückzuschauen und sich selbst mit dem Salzsäulen-Effekt zu erstarrter Untätigkeit zu verdammen.

5.5.3 Gönnen Sie sich jeden Tag Ihre persönliche Spaßzeit

Einen zusätzlich aktivierenden Motivationsschub ziehe ich aus meiner persönlichen Spaßzeit. Diese täglichen Neigungsminuten nutze ich für Dinge, die mir besonders viel Freude bereiten.

Gerade, wenn ich Pflichtaufgaben erledigen muss, die weniger Spaß machen, motiviert mich ein Gedanke an die kommende Spaßzeit. Ich bringe die Pflicht schneller hinter mich und sie geht mir viel leichter von der Hand. Dadurch habe ich viel mehr Zeit für die schönen Seiten des Lebens.

Spaßzeit kann für mich beispielsweise sein, etwas Kreatives zu tun, Sport zu treiben, ein paar Seiten in einem spannenden Buch zu lesen oder nach getaner Arbeit abends auf der Terrasse zu sitzen und in angenehmer Atmosphäre den nächsten Urlaub zu planen, den Kindern etwas vorzulesen und sie ins Bett zu bringen.

Vielleicht werden Sie jetzt sagen, die Zeit muss ich mir auch so nehmen. Richtig, die Kinder müssen eben ins Bett gebracht werden. Das ist jedoch der Unterschied: Machen Sie es, weil Sie es müssen, oder machen Sie es, weil es Ihnen Spaß macht. Aktivieren Sie Gedanken der Pflichterfüllung oder erfüllen Sie diese Gedanken mit Wonne?

Für die Gefühle und Einstellungen, die wir unseren Aufgaben gegenüber haben, sind wir ausschließlich selbst verantwortlich. Wir bestimmen, ob uns etwas Freude bereitet. Die frohe Botschaft lautet: Wir können zu 100 Prozent unsere Gefühle gestalten.

5.5.4 Werfen Sie Ballast ab

Viele Menschen bürden sich viel Ballast auf: Die Arbeit macht keinen Spaß mehr, die hohe Verschuldung knechtet, Enttäuschungen und Neid haben die

Gefühle fest im Griff, es gibt laufend Streit und Missgunst. Diese Sorgenquellen belasten und machen die Gegenwart oft genug zur Hölle.

Doch Achtung: Viele dieser Belastungen bürden wir uns freiwillig auf, weil wir die Ursachen anstreben, jedoch die Konsequenzen unterschätzen. Zum Beispiel ist ein schönes Haus für viele Menschen sehr erstrebenswert. Doch die jahrelangen Tilgungen schränken die Lebensqualität erheblich ein. Der große Garten muss gepflegt werden und die überdimensionierte Wohnfläche müssen bezahlte Reinigungskräfte säubern.

So manövrieren sich viele Menschen in eine Lebenssituation, die festgefahren erscheint. Der Spielraum ist erheblich eingeschränkt und Abhängigkeiten nehmen zu. Beispielsweise verursacht eine hohe Verschuldung eine starke Abhängigkeit vom Arbeitsplatz.

Wenn wir auch häufig die Konsequenzen scheuen: Viele dieser Belastungsquellen lassen sich abwerfen. Oft sind die vermuteten Konsequenzen viel dramatischer als die tatsächlichen. Mittelfristig lässt sich mit vernünftiger Planung viel Lebensballast über Bord werfen:

- Eine Arbeitsstelle, die Ihnen keine Freude bereitet, können Sie auch gegebenenfalls wechseln, auch wenn das heute nicht leichtfertig geschehen sollte.
- Verschuldung können Sie durch Verkäufe oder einen geänderten Lebensstil abbauen.
- Ein Amt im Verein, das Sie zu viel Zeit kostet, können Sie ablegen.
- Gegenstände, die Ihnen keinen Nutzen spenden, sollten Sie verkaufen, verschenken oder auf den Müll werfen.
- Eine Beziehung, die Ihnen nur Stress und Streit bereitet, können Sie auch beenden.

Wer seine persönliche Lebenssituation entrümpelt, kann mit Körper, Seele und Geist Freiheiten wieder neu erfahren und genießen.

> Schneiden Sie belastende alte Zöpfe ab, entfesseln Sie Ihre Kräfte.

Schaffen Sie Freiräume, die Sie frei gestalten können. Hier kann sich Leben wieder entfalten. Sie finden Spaß und Freude und können sich nach Herzenslust austoben. Die Verringerung von inneren und äußeren Zwängen ist eine wichtige Voraussetzung für entfaltete Lebensfreude und Motivation. Wie viel positive Energie, Kraft und Selbstvertrauen wächst in den entstehenden Freiräumen.

5.5.5 Bauen Sie ein eigenes Motivationsnetzwerk auf

Sind Sie von motivierten und motivierenden Menschen umgeben? Scharen Sie Gleichgesinnte um sich herum, die Sie motivieren.

Vielen Mitmenschen fehlt heute ein Gesprächspartner außerhalb des eigenen Unternehmens, mit dem über Ziele und Zukunft, Motivation und Durchhaltevermögen gesprochen werden kann. Viele Zeitgenossen erleben das Burn-out-Syndrom, weil ein Ratgeber bei wichtigen Weichenstellungen fehlt.

Bauen Sie Ihr Motivationsnetzwerk auf, statt nach innen zu emigrieren. Es macht viel Spaß mit erfahrenen Gesinnungsgenossen umzugehen, die es gewohnt sind einerseits eigenverantwortlich Ziele zu realisieren und andererseits Menschen dabei zu unterstützen, ihre Ziele zu erreichen.

Das Netzwerk hat die Funktion, die Mitglieder zu motivieren und ihnen Mehrwert zu schaffen. Unser Motivationsnetzwerk trifft sich einmal im Quartal. Die Mitglieder können Erfahrungen teilen, sich aufmuntern und sich gegenseitig anspornen. Wir besprechen unsere Ziele und Realisationsfortschritte, wir beraten uns gegenseitig bei Widerständen und Schwierigkeiten und feiern unsere Erfolge. Es ist sehr nützlich, wenn die Erfahrungen Unbeteiligter einfließen, um Verbesserungen vorzunehmen. Inzwischen sind Kooperationen und Freundschaften entstanden, die weit über das Netzwerk hinausgehen und immensen Nutzen stiften.

Die gegenseitige Motivation ist fast unbezahlbar. Bauen Sie Ihr persönliches Motivationsnetzwerk auf.

5.6 Handeln hat oberste Priorität

Wir haben Ihnen viele Anregungen zur Stärkung des Selbstbewusstseins, zur Einstellungsarbeit, zum Setzen und Erreichen von Zielen und zum Umgang mit sich selbst gegeben.

Wer allerdings beim Denken stehen bleibt, wird nicht zum Handeln kommen. Was nutzt eine brillante Zielsetzung, die nicht realisiert wird, sondern in irgendeiner geistigen Schublade versauert.

> Nur die Umsetzung bringt den Erfolg.

Gehen Sie zunächst in angemessenen Schritten an die Realisation fordernder Ziele, die kurz- und mittelfristig erreicht werden. Damit sammeln Sie einen Erfahrungsschatz, der Ihnen bei der Erreichung des nächsten anspruchsvolleren Zieles als wertvolles Kapital zur Verfügung steht.

> Das Geheimnis überragender Erfolge ist nicht Begabung oder Geschwindigkeit, sondern Kontinuität.

Setzen Sie nur einige unserer Tipps und Hilfestellungen um, werden Sie sich selbst motivieren können. Gönnen Sie sich eigene Erfahrungen mit allen hier vorgeschlagenen Strategien, denn manche werden Ihnen mehr zusagen als andere. Wichtig ist die dauerhafte, regelmäßige Arbeit in Quanten, die Ihnen entsprechen.

> Lassen Sie Ihre soziale Umwelt an Ihren Zielen und Erfolgen teilhaben. Dadurch ist es für die Mitmenschen möglich, sich auf Ihre Entwicklungen einzustellen.

6. Wege zur Motivation anderer Menschen

> Sie können andere Menschen nicht motivieren, Sie können anderen Menschen nur Wege zeigen, sich selbst zu motivieren.

Wie bringen wir andere dazu, sich für das zu motivieren, was wir wollen? Die Antwort ist gleichzeitig simpel und herausfordernd: Wir müssen sie dazu bringen, dass auch sie wollen, wovon wir begeistert sind.

> Erkennen Sie Leistungen an und führen Sie Ihre Mitarbeiter in die Instrumente der Selbstmotivation ein.

Sie haben viele Instrumente der Selbstmotivation kennengelernt. Weisen Sie Ihr Gegenüber in die Handhabung und Wirkung ein.

Im Folgenden beschreiben wir wichtige Strategien zur Motivation anderer und untermauern sie mit vielen Anregungen aus der täglichen Trainings- und Führungsarbeit.

6.1 Erinnern Sie den Mitarbeiter an seine in der Vergangenheit erzielten Erfolge

Aus der gemeinsamen Unternehmensgeschichte lassen sich die Erfolge des Mitarbeiters ansprechen: der gute Projektverlauf, Messeerfolge oder erreichte Ziele der Vergangenheit bieten sich als Grundlage an.

Dazu muss nicht immer eine aufwändige Besprechung oder gar ein Mitarbeitergespräch geführt werden. Viel wirkungsvoller sind die kleinen Ansprachen zwischendurch.

Der Mitarbeiter lernt, dass Sie ihn schätzen und dass Sie seine Leistungen anerkennen.

Sollte Ihnen die Information über die Erfolge des Mitarbeiters fehlen, weil Sie oder der Mitarbeiter zum Beispiel neu im Unternehmen sind, setzen Sie Fragen ein, um die Erfolge des Mitarbeiters kennenzulernen. Ein erstes Gespräch auf der Basis „Was sind Ihre größten Erfolge?“, „Wo liegen Ihre Stärken?“ ist eine sehr angenehme erste Führungserfahrung mit dem neuen Chef und ein gutes Fundament für eine leistungsfähige und leistungsbereite Arbeitsbeziehung.

6.2 Machen Sie ihm seine Stärken bewusst

Sie bauen das Selbstbewusstsein Ihres Mitarbeiters auf, indem Sie mit ihm seine Stärken besprechen. Dadurch richten sich die Gedanken Ihres Gegenübers positiv aus und er traut sich mehr zu.

Praktizieren Sie dieses Verhalten auch, wenn Ihnen der Mitarbeiter eine Schieflage meldet. Erkennen Sie an, dass er Sie rechtzeitig informiert hat. Es gehört Vertrauen und Mut dazu, seinem Vorgesetzten einen Misserfolg zu melden. Rechtfertigen Sie das Vertrauen, indem Sie positiv mit der Situation umgehen: Loben Sie sein offenes Verhalten und suchen Sie gemeinsam nach Lösungen.

6.3 Vereinbaren Sie gemeinsam Ziele

Gespräche zur Zielvereinbarung sind ein wichtiges motivierendes Instrument. Dabei wird folgender Zusammenhang meist zu wenig beachtet: Die Atmosphäre, in der das Ziel delegiert wird, ist maßgebend für die Motivation auf dem Weg zur Zielerreichung. Wird zum Beispiel von Seiten des Vorgesetzten viel Druck gemacht oder der Mitarbeiter fühlt sich nicht ernst genommen, sinkt die Bereitschaft zur Eigenverantwortung, der Mitarbeiter ist nur spärlich identifiziert und sein Eigenantrieb ist nahezu ausgeschaltet.

Um diese negativen Folgen zu vermeiden sollte das Zielvereinbarungsgespräch auf der Grundlage des Führungsmodells stattfinden. Folgende Stufen sind bei der Durchführung eines Zielvereinbarungsgespräches zu durchlaufen:

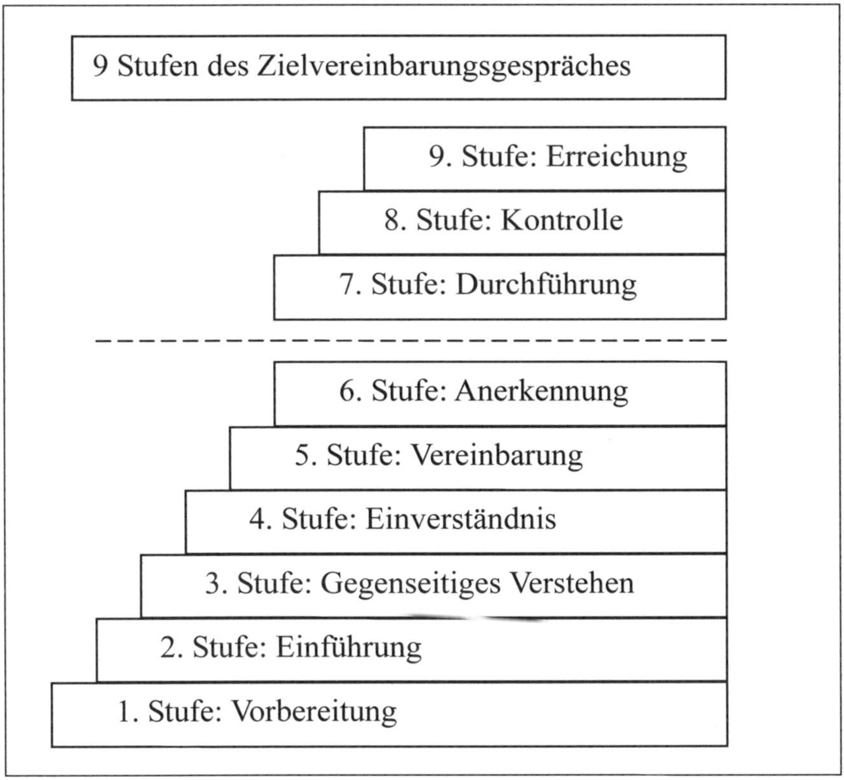

Abbildung 14: *Aufbau des Zielerreichungsgespräches*

1. Stufe: Vorbereitung

Neben den organisatorischen Vorbereitungen des Gespräches (z.B. Einladung, Termin- und Raumreservierung) stehen vor allem die inhaltlichen Vorbereitungen im Vordergrund. Wichtig ist, dass Sie den Mitarbeiter bei der Terminabsprache über den Gegenstand des Gespräches informieren und ihm eine angemessene Frist zur Vorbereitung lassen. Damit beugen Sie Überrumpelungsgefühlen des Mitarbeiters vor und können auch eine gute Vorbereitung vom Mitarbeiter erwarten und einfordern.

Definieren Sie das Ziel möglichst genau und prüfen Sie im Vorfeld des Gespräches, ob die erforderlichen Ressourcen überhaupt vorhanden sind. Sollten Sie feststellen, dass es an den Ressourcen mangelt, ist es aus arbeitstechnischer Sicht enorm zeitsparend, das Ziel aufzugeben oder zu verschieben, bevor das Gespräch mit dem Mitarbeiter gesucht wird.

Machen Sie sich eine grobe Skizze vom Weg zur Zielerreichung. Dadurch bekommen Sie auch eine Vorstellung, welcher Mitarbeiter das Ziel erreichen soll. Schreiben Sie die Zielformulierung auf eine Karteikarte und legen Sie diese sichtbar für den Mitarbeiter auf den Tisch. Sollte Ihr Gegenüber vom Thema abweichen, zeigen Sie auf die Karte und führen Sie ihn zum Thema zurück.

Stellen Sie fest, um welchen Mitarbeitertyp es sich handelt, denn Sie sollten Ausprägungen von Leistungsbereitschaft und -fähigkeit punkt-genau auf die Anforderungen des Ziels abstimmen. Nochmals zur Erinnerung: Dringende Ziele sollten nur an den Personenkreis delegiert werden, der sie am schnellsten erreichen kann. Alle anderen Ziele werden an Personen delegiert, die ihre Fähigkeiten durch das Ziel erweitern können.

Viele Führungskräfte erwarten Einwände des Mitarbeiters. Die meisten dieser Einwände kennen die Führungskräfte, denn sie kennen den Mitarbeiter und wissen, wie dieser argumentieren wird.

In der Praxis hat es sich bewährt, sich bereits in der Vorbereitungsphase in die Position seines Mitarbeiters zu versetzen. Nach diesem Rollentausch schreiben Sie mögliche Einwände des Mitarbeiters auf und behandeln diese zielorientiert. In Seminaren haben die Führungskräfte eine Trefferquote von über 90 Prozent bei der Vorhersage der Einwände ihres Gegenübers.

So vorbereitet sind Sie sehr gut für das Zielvereinbarungsgespräch ausgestattet.

2. Stufe: Einführung

Eine kurze Begrüßung ohne viel Smalltalk ist der erfolgreichste Einstieg, den die Beteiligten wählen können, denn sie sind von Anfang an sehr zielorientiert.

Wenn der Mitarbeiter im Vorfeld des Gespräches über das Thema informiert worden ist, erwartet er, dass das Ziel besprochen wird und erlebt Smalltalk als nicht zielführenden „Schmus“.

Eine gute Einführung ist zum Beispiel: „Guten Tag, Herr Ziel-Strebig, gut dass wir den Termin so zeitnah realisieren konnten. Es geht darum, dass Sie die Aufgabe XY demnächst übernehmen. Wie stehen Sie dazu?“

Im Anschluss daran hat der Mitarbeiter Gelegenheit, sich zu äußern und das Gespräch befindet sich automatisch auf der 3. Stufe.

3. Stufe: Gegenseitiges Verstehen

Jetzt nimmt der Mitarbeiter Stellung und bringt dabei seine Erfahrungen ein. Achtung: Nun besteht die Gefahr, dass die Führungskraft die Einwände und Anregungen des Mitarbeiters aushebelt und als unzutreffend abwertet. Die Folge ist, dass sich der Mitarbeiter nicht ernst genommen fühlt und (oft trotzig) opponiert. Lassen Sie es nicht soweit kommen. Als Führungskraft sollten Sie die Einwände des Mitarbeiters zunächst stehen lassen und hinterfragen. Sie haben an dieser Stelle die Chance, die Welt und Wahrnehmung des Mitarbeiters besser kennenzulernen. Die 3. Stufe ist die Nagelprobe dafür, ob sich der Mitarbeiter verstanden fühlt. Hier ist die einfühlsame Führungskraft gefordert. Zeigen Sie sich von Ihrer wertschätzenden Seite.

Dabei ist der persönliche Kontakt besonders wichtig. Zum Beispiel werden momentan zuhauf folgende Erfahrungen gesammelt: Aufgrund zahlreicher Reorganisationen in den Landesverwaltungen einiger Bundesländer, sind Abteilungen von ihren Vorgesetzten getrennt. Damit ist nicht nur die Kontrolle eingeschränkt, sondern auch die Möglichkeit zur Wertschätzung ist beschnitten. Das traurige Ergebnis ist: Die Motivation aller Beteiligten sinkt auf lange Sicht. Nicht nur Landesverwaltungen sind davon betroffen, sondern auch viele Bundesministerien und Behörden, die teilweise in Berlin und teilweise in Bonn ansässig sind.

In vielen fusionierten Unternehmen gilt es ebenfalls diese Zustände zu managen. Es dauert meist Jahre, bis die Organisation und die Kultur zusammenwachsen, zumal es sich in diesem Bereich auch um internationale Prozesse handelt.

Viele behaupten, dass die neuen globalen Kommunikationsmöglichkeiten die Entfernungen überbrücken helfen. Unsere Erfahrung aus Trainings in Verwaltungen, Unternehmen und auch in der eigenen Organisation ist, dass der fehlende persönliche Kontakt zwar kurzfristig zu ersetzen ist, jedoch langfristig gepflegt werden muss, um eine leistungsfähige Beziehung aufzubauen und aufrechtzuerhalten.

In dieser Stufe soll der Mitarbeiter verstehen, warum das Ziel erreicht werden soll und warum gerade er ausgesucht wurde, um den Weg zu gehen und das Ziel zu realisieren. Durch diese transparente Sinnvermittlung versteht der Mitarbeiter die Tragweite der Aufgabe und kann sie im Kontext seiner Arbeit einordnen. Dieses Hintergrundwissen erleichtert es ihm sehr, seine Potenziale einzubringen und auf die Erreichung des Ziels zu fokussieren.

4. Stufe: Einverständnis

Durch diese persönliche, wertschätzende und zugeneigte Vorgehensweise ebnen Sie ebenfalls dem Mitarbeiter den Weg zu einem verständnisvollen Verhalten. Auf dieser kooperativen Basis nähern Sie die Positionen an und gemeinsam handeln Sie das Ziel aus.

Viele Führungskräfte leben in der veralterten Vorstellung, dass sie Ziele nur ohne Zugeständnisse delegieren dürfen, weil sie sonst an Führungsautorität einbüßen. Diese Vorstellung entspricht nicht unserer Führungserfahrung – im Gegenteil: Ein ziel- und mitarbeiterorientierter Vorgesetzter, der auf die Arbeitsauslastungsgrade seines Mitarbeiters Rücksicht nimmt und nur einfordert, was unter Anstrengung machbar ist, steigt im Ansehen.

In der Praxis wird auch folgende Variante zu wenig genutzt: Entfernen Sie Aufgaben aus dem Portfolio des Mitarbeiters, die ihn nicht mehr fordern und vielleicht lästige Routine geworden sind, um Freiraum für das neue Ziel zu schaffen. Die frei gewordene Aufgabe kann dann an Kollegen delegiert werden, die sich an der Aufgabe entfalten können.

Fühlen sich die Mitarbeiter in dieser Form wertgeschätzt, bringen sie ihre Leistung viel bereitwilliger. Sie kommen zum Beispiel dann auch samstags und sonntags, wenn Not am Mann ist, statt auf gelbem Schein zu pausieren, wenn´s einmal eng wird. Der Grad der Identifikation des Mitarbeiters mit seinen Aufgaben und mit dem Unternehmen ist sehr stark abhängig vom Grad der persönlichen Wertschätzung, die der Mitarbeiter von seinem Vorgesetzten erfährt.

Ein freiwilliges Einverständnis auf der Basis des Machbaren ist für beide Beteiligte ein wirkungsvoller Hebel, um Motivation und Leistungsbereitschaft zu erschließen.

5. Stufe: Vereinbarung

Konnten Sie die beiden Positionen so weit annähern, dass sich ein arbeitsfähiger Kompromiss ergibt, wird das Ziel vereinbart.

Wählen Sie die Schriftform für die Vereinbarung,

- wenn es sich um ein sehr wichtiges Ziel handelt,
- wenn der Mitarbeiter eine niedrig ausgeprägte Leistungsbereitschaft besitzt,
- wenn Sie die Schriftform aus Beweisgründen brauchen und
- wenn der Mitarbeiter die Schriftform wünscht.

Sprechen Sie mit dem Mitarbeiter ausdrücklich ab: Wenn er an die Rahmenbedingungen des Zieles stößt, muss er Kontakt mit Ihnen aufnehmen. Nur so können Sie sicher sein, dass das Ziel im Rahmen liegt, wenn sich der Mitarbeiter nicht meldet.

6. Stufe: Anerkennung

In dieser Stufe des Gespräches wird der Mitarbeiter für die kommende Aufgabe gestärkt, damit er sich mit Eifer und Selbstvertrauen dem Ziel widmet.

Diese Stufe ist nicht weitschweifig, sondern kann in ein oder zwei Sätzen durchlaufen werden. Sagen Sie Ihrem Mitarbeiter beispielsweise:

- „Ich bin froh, dass die Aufgabe jetzt in kompetenten Händen liegt."
- „Sie sind für die Aufgabe hervorragend qualifiziert und haben den erforderlichen Sachverstand. Ich freue mich auf die gemeinsame Arbeit."

Damit ist das Zielvereinbarungsgespräch im engeren Sinne komplett durchlaufen. Das Ziel ist definiert, der Mitarbeiter hat das Ziel angenommen und die Ressourcen sind abgestimmt und gegebenenfalls zugeteilt. Jetzt beginnt die Umsetzungsphase.

7. Stufe: Durchführung

Während der Zielerreichung stehen Sie dem Mitarbeiter beratend zur Seite, ohne Verantwortung zurückdelegieren zu lassen. Sie können darauf vertrauen, dass sich der Mitarbeiter innerhalb der Rahmenbedingungen befindet, denn andernfalls wäre er verpflichtet mit Ihnen Kontakt aufzunehmen.

8. Stufe: Kontrolle

Nutzen Sie Kontrollen zwecks Anerkennung der bisherigen Leistungen des Mitarbeiters. Widerstehen Sie der Versuchung, Kritik innerhalb der Rahmenbedingungen zu äußern, auch wenn Sie eine bessere Vorgehensweise kennen. Je mehr Sie dem Weg Ihren Stempel aufdrücken, desto weniger Verantwortung liegt beim Mitarbeiter und desto weniger wird es später sein Erfolg sein, der ihn motiviert und sein Selbstvertrauen stärkt.

9. Stufe: Erreichung

Die Erntezeit kommt nun für den Mitarbeiter. Er hat sein Ziel erreicht und möchte feiern und gefeiert werden.

Schade ist, dass sich viele Führungskräfte die Erfolge ihrer Mitarbeiter selbst auf die Fahne schreiben und sie kräftig schwenken. Der Mitarbeiter fühlt sich dadurch um die Früchte seiner Arbeit betrogen, und sie lösen am Ende des Weges einen erheblichen Demotivationsschub aus. Besonders schlimm daran ist, dass nicht nur der betroffene Mitarbeiter einen Schlag ins Genick bekommt, sondern alle Mitarbeiter, die die Umstände kennen und die Fahne sehen.

Lassen Sie deshalb den Erfolg komplett in den Händen des Mitarbeiters. Er macht die Abschlusspräsentation, er steht im Mittelpunkt, wenn es darum geht, die Früchte der Arbeit darzustellen.

Erkennen Sie die Qualität der Arbeit und des Mitarbeiters an, auch in der Öffentlichkeit und vor Ihren Chefs. Durch diese Erfahrung erhalten alle Mitarbeiter einen Motivationsschub.

Sicherlich ist es erfreulich, als Führungskraft erfolgreich zu sein. Jedoch ist es ein Quantensprung der empfundenen Freude, wenn durch Ihre Impulse als Führungskraft Ihre Mitarbeiter erfolgreich gemacht werden.

6.4 Belohnen Sie den Mitarbeiter

Belohnen Sie den Mitarbeiter nicht nur mit Anerkennung, sondern eventuell auch mit einem angemessenen materiellen Bonus. Dadurch wird sich die Leistungsbereitschaft weiter erhöhen. Der Einsatz sollte jedoch sparsam und fallweise erfolgen, denn die Wirkung solcher Boni schleift sich ab.

Oft führen hier die Gegner ins Feld, dass ja bereits Gehalt gezahlt wird und damit eine hohe Leistungsbereitschaft bereits abgegolten ist. Die Gegner haben an dieser Stelle Recht, egal ob es sich um ein Unternehmen, eine Verwaltung oder eine Schule handelt.

Gleichzeitig gilt jedoch der Zusammenhang, dass besondere Leistungen durch entsprechende Belohnungen gefördert werden. Diese Sonderzahlungen oder Incentives dienen dazu, Unterschiede zu machen zwischen dem durchschnittlichen und dem überdurchschnittlichen Mitarbeiter. Gerade auch, wenn solche Gratifikationen öffentlich gemacht werden, spornen sie zur Leistung an. Wichtig ist, dass Leistung, Honorierung und Verfahren von Anfang an transparent sind, damit alle Organisationsmitglieder die gleichen Chancen haben.

Natürlich entspricht die materielle Belohnung für gute Leistungen gegenwärtig eher der Kultur einer Vertriebsorganisation als der einer Schule. Die Frage, die ich mir in unseren Führungsseminaren stelle, wenn es um diese

Sachverhalte geht, ist: „Was bedeutet es für eine Organisation, wenn Leistungsunterschiede nicht differenziert honoriert werden dürfen?“ Liegt es beispielsweise daran,

- dass Leistungsunterschiede nivelliert werden sollen,
- dass ergebnisorientiertes Arbeiten nicht der Kultur der Organisation entspricht,
- dass das Vertrauen in die Führung nicht ausreicht, passende Kriterien zu finden und ein faires Verfahren zu gewährleisten,
- dass eine mögliche „Verwirtschaftlichung“ der Organisation Angst auslöst und im Keim erstickt werden soll,
- dass die Annahme besteht, dass offen gelegte Leistungsunterschiede Spannungen bringen, die nicht ausgehalten werden können,
- dass der arbeitsrechtliche Status der Organisationsmitglieder dazu führt, dass Leistungsanforderungen zu Leistungsrücknahmen führen?

Sollten Sie einige dieser Frage bezüglich Ihrer Organisation mit „ja“ beantworten, könnte die Kultur Ihrer Organisation leistungsfeindliche Elemente enthalten, die sich auf die Motivation und Führung der Organisationsmitglieder auswirken. Mitunter kann es in solchen Fällen ratsam sein, externe Unterstützung in Anspruch zu nehmen.

6.5 Arbeiten Sie mit der wertschätzenden Fallschirmtechnik

Die Motivation der Mitarbeiter ist für den Chef dann einfach, wenn die Beziehungsebene gefestigt ist. Dann lassen sich Ziele vergleichsweise einfach besprechen, gegenseitige Anerkennung ist normal und es können Verhaltensweisen durch Rückmeldungen oder Kritik verändert werden. Die Motivationsquelle für die Arbeit ist die konstruktive Zusammenarbeit selbst.

Schwierig wird es jedoch meist dann, wenn das Verhältnis belastet oder sogar zerrüttet ist. Dies ist oft der Fall bei den Mitarbeitertypen, die eine niedrige Ausprägung der Leistungsbereitschaft besitzen (Veränderungsverlierer und Vermeider). Nicht selten ist die desolate Beziehung die Ursache für die mangelhafte Leistungsbereitschaft des Mitarbeiters. In einer solch verfahrenen Situation werden normale Führungsaufgaben für beide Beteiligte zur Tortur. Doch auch in diesen Fällen ist der Vorgesetzte gefordert, den Mitarbeiter auf einen motivierten Weg zu führen und ihn zu entwickeln.

Sie haben bereits an anderer Stelle in diesem Buch erfahren, wie wichtig Wertschätzung ist, um andere zu motivieren. Bevor in einer solchen Beziehungskrise nachhaltig Ziele gesetzt werden können, empfehlen wir die Wertschätzung mit der Fallschirmtechnik quasi pur einzusetzen, um arbeitsfähig(er) zu werden.

Nehmen wir folgenden Fall an: Die Führungskraft hat einen Mitarbeiter, dessen Verhalten sie um 90 Grad ändern möchte, weil das Ergebnis der Arbeit negativ abweicht und es entsprechende Beschwerden von Seiten der Kunden gibt. Das Verhältnis der beiden ist ohnehin angespannt.

Die Führungskraft terminiert ein Kritikgespräch und konfrontiert den Mitarbeiter mit der Verhaltensänderung von 90 Grad. Wie wird der Mitarbeiter reagieren? Die Erfahrung ist, dass er sein Verhalten rechtfertigt oder dass er Änderung gelobt und sein ursprüngliches Verhalten beibehält. Der Vorgesetzte ist zur Kritik zwar formal berechtigt, doch aufgrund der zwischenmenschlichen Verstimmung findet er beim anderen kaum oder kein Gehör.

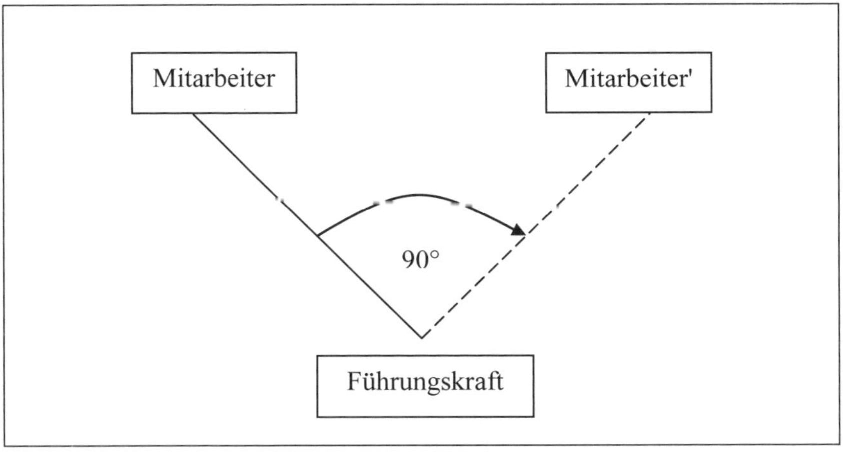

Abbildung 15: *Geforderte Verhaltensänderung des Mitarbeiters*

Der Schlüssel, um die Tür zum Mitarbeiter zu öffnen ist 360 Grad Wertschätzung für seine Arbeit. Es wird zunächst ausschließlich wertgeschätzt, ohne eine Verhaltensänderung anzusprechen.

Der Grund für die Rücknahme der Bereitschaft ist vielfach fehlende Anerkennung. Mit der 360 Grad Wertschätzung gleichen Sie das Defizit aus und erreichen vielleicht sogar bereits einen motivierenden Anerkennungsüberschuss.

Manche Führungskräfte sind mit Anerkennung sehr vorsichtig, weil sie glauben, dass das Verhalten als anbiederndes „Schleimen" durchschaut wird. Es kann natürlich sein, dass der Mitarbeiter auf die vermehrte Anerkennung zunächst argwöhnisch oder misstrauisch reagiert. Er wird sehr genau prüfen, was der Chef wohl von ihm will. Weil Sie zunächst ausschließlich anerkennen, kommt Ihnen diese Prüfungsphase des Mitarbeiters gerade recht, denn der Mitarbeiter stellt als Prüfungsergebnis fest, dass Sie keine zusätzliche Leistung einfordern. Um das anfängliche Misstrauen gegenüber dem neuen Verhalten der Führungskraft zu überwinden, sollte diese erste Phase ruhig über fünf bis sechs Wochen angelegt werden.

Dieses Zeitintervall ist auch deshalb relativ lang, damit die zum Teil belastende Geschichte gestaltet werden kann. Ihr zunächst rein anerkennendes Verhalten dient als Aktivierungsenergie und führt zu positiven Erfahrungen, die die Beziehung erfrischen und neu beleben.

In der zweiten Phase werden, wenn sich die Beziehung etwas gebessert hat, 345 Grad der Arbeit wertgeschätzt und 15 Grad Verhalten geändert. Das kommunikative Instrument ist der Wunsch, der gegenüber dem Mitarbeiter geäußert wird. Wünsche haben den Vorteil, dass auf den Mitarbeiter deutlich weniger Druck ausgeübt wird.

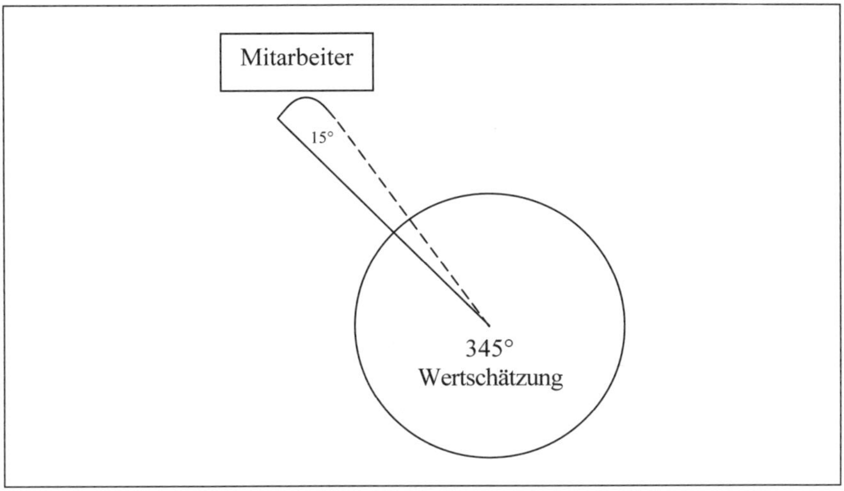

Abbildung 15: *Einsatz von kleinen Veränderungsschritten bei gleichzeitiger Wertschätzung*

Der Mitarbeiter *kann* sich nach den Wünschen des Vorgesetzten richten. In der Praxis wird er das gewünschte Verhalten in den meisten Fällen auch freiwillig praktizieren.

Sollte in Ausnahmefällen der Mitarbeiter sein Verhalten nicht ändern, kann die Führungskraft Feedback geben oder ein kurzes Kritikgespräch führen. Jedoch im Normalfall reicht ein Wunsch auf dieser wertschätzenden Basis aus, um das Verhalten des Mitarbeiters zu verändern.

Zum Abschluss noch ein Gedanke zum Tempo der mit dieser Technik angestrebten Veränderungen. Nehmen wir an, Sie wenden die wertschätzende Fallschirmtechnik konsequent an und nutzen 5 Grad Schritte, um den Mitarbeiter durch seinen Veränderungsprozess zu führen. Das sind also 18 Wünsche für die ursprünglich beabsichtigte Veränderung von 90 Grad. Nehmen wir weiter an, Sie wirken in einem 14-tägigen Rhythmus auf den Mitarbeiter ein, dann brauchen Sie insgesamt neun Monate, um den Mitarbeiter zu entwickeln. Sie sehen, es kommt mehr auf die Beharrlichkeit als auf die Größe der Schritte an, wenn nachhaltige Verhaltensänderungen beim Mitarbeiter erzielt werden sollen.

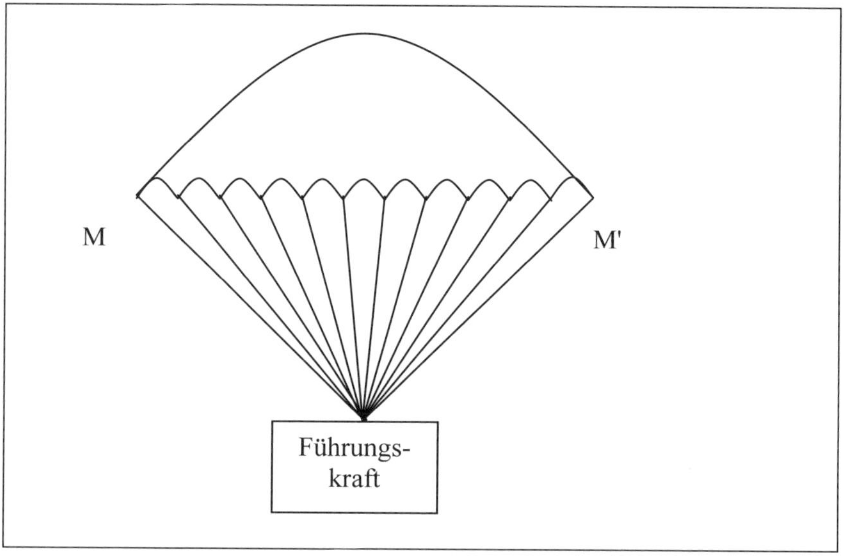

Abbildung 16: *Schrittweise Veränderung als Fallschirmdarstellung*

Die wertschätzende Fallschirmtechnik ist ein sehr sicheres Instrument, um Beziehungen mittelfristig positiv zu beeinflussen.

> Jeder Kontakt zum Mitarbeiter beinhaltet die Chance zur Wertschätzung und damit zur positiven Gestaltung der Beziehung.

Ein möglicher Einwand ist, dass die heutige Führungsarbeit schnellere Resultate erbringen muss und ein Veränderungszeitraum von neun Monaten daher viel zu lang ist.

Bedenken Sie hierbei, dass es um Menschen geht, zu denen keine arbeitsfähige Basis besteht. Häufig werden diese Menschen in der Praxis versetzt, gekündigt oder schlimmstenfalls jahrelang ignoriert. Die unerwünschten Verhaltensweisen bleiben also gänzlich unbearbeitet. Wir bieten Ihnen mit der wertschätzenden Fallschirmtechnik ein Werkzeug, mit dem permanent, dauerhaft und nachhaltig an der Beziehung zu Vermeidern und Veränderungsverlierern gearbeitet werden kann. Dieses brillante Werkzeug hat nur einen Haken. Es ist vollkommen wirkungslos bei Nichteinsatz. Wenden Sie es an und Sie werden zügig Menschen verändern und führen können, die Sie bisher für führungsresistent gehalten haben.

6.6 Positive Fremdsuggestionen

Eine nützliche Verhaltensregel in der Psychologie lautet:

> Behandeln Sie Menschen so, als ob sie bereits könnten, was sie lernen sollen. Damit können Sie sie dahin führen, wohin sie zu führen sind.

Menschen werden, wie sie gesehen werden. Wenn ein Chef die Potenziale seines Mitarbeiters als bereits beherrschte Fähigkeiten anspricht, erleichtert er es dem Mitarbeiter sehr, seine Potenziale zu erschließen und zu entfalten. Nehmen wir an, Sie haben einen Mitarbeiter vom Typ „Neuer". Er ist im Verkauf eingesetzt und könnte sich in der Argumentation weiterentwickeln. Dann bietet es sich an, mit positiven Fremdsuggestionen in folgender Form zu arbeiten: „Herr Verhandl, Sie sind ein sehr guter Verkäufer und Sie verhandeln durchaus geschickt in schwierigen Situationen. Hier habe ich noch einige zusätzliche Informationen über interessante Argumentationsstrategien, die Ihre Fähigkeiten weiterentwickeln werden. Es macht Ihnen sicher Spaß, sich durch diese Informationen zu einem Top-Profi im Verkauf zu entwickeln."

Lassen Sie uns diese Aussage auf ihre positiven Fremdsuggestionen hin untersuchen:

Führungsimpuls	Suggestion
„Herr Verhandl,	
Sie sind ein sehr guter Verkäufer	Sie unterstellen dem Mitarbeiter, bereits ein sehr guter Verkäufer zu sein.
und	
Sie verhandeln durchaus geschickt in schwierigen Situationen.	Sie erzeugen ein Bild beim Gegenüber, dass ihn zu einem versierten Verhandlungspartner, macht, der mit vielen Wassern gewaschen ist.
Hier habe ich noch einige	
nützliche Informationen	Sie unterstellen dem Mitarbeiter, dass er Daten bekommt, die ihn erheblich weiterbringen.
über	
interessante Argumentationsstrategien,	Sie vermitteln dem Gegenüber das Gefühl, dass der Stoff eine hohe Relevanz besitzt.
die Ihre Fähigkeiten weiterentwickeln werden.	Sie unterstellen den Informationen bereits, dass sie den Mitarbeiter bereits voranbringen werden.
Es macht Ihnen sicher Spaß,	Sie gehen bereits jetzt davon aus, dass dem Mitarbeiter die Auseinandersetzung mit der Argumentation viel Freude bereiten wird.
sich	
durch diese Informationen zu einem Top-Profi im Verkauf zu entwickeln."	Sie sprechen mit dieser Fremdsuggestion den Wunsch des Mitarbeiters an, ein Experte zu werden und stellen diese Entwicklung über die Beschäftigung mit der Argumentation in Aussicht.

Die Auseinandersetzung mit den neuen Inhalten wird von der Führungskraft durch diese positive Strategie motivierend angeleitet. Dem Mitarbeiter fällt es dadurch viel leichter, das Wissen zu integrieren und in seiner Praxis erfolgreich umzusetzen.

In unserem Beispiel haben wir viele Fremdsuggestionen kompakt kombiniert. Dadurch könnten in der Führungspraxis Hoffnungen geweckt werden, die unangemessen sind. Wählen Sie deshalb die Suggestionen verantwortungsvoll aus. Stellen Sie in Aussicht, was realistisch unter Anstrengung erreichbar ist.

6.7 Fördern Sie die Kreativität

Kreativität ist die Fähigkeit, gegen Konventionen zu denken und zu handeln. Kreative Menschen gehen Wege und finden Lösungen, die der üblichen Vorgehensweise widersprechen. Sie haben Spaß beim Ausprobieren und freuen sich, wenn ihnen der Erfolg Recht gibt. Es erfordert Mut, Kraft, Kompetenz und Selbstvertrauen, sich mit neuen Ideen gegen den Strom zu stellen.

Gerade Menschen, die unmittelbar in der Wertschöpfungskette arbeiten, bemerken zum Beispiel umständlich organisierte Arbeitsabläufe viel selbstverständlicher als ihre Führungskräfte. Daraus ergibt sich erhebliches Verbesserungspotenzial, das leider ungenutzt bleibt, weil die Mitarbeiter gute Ideen dazu nicht einbringen.

Fördern Sie als Führungskraft die Ideenkultur Ihrer Organisation. Arbeiten Sie in Meetings mit unterschiedlichen Kreativitätstechniken. Die Literatur stellt inzwischen einen reichen Fundus an Methoden zur Verfügung, um das kreative Potenzial zu fördern. Hier einige Beispiele:

Brainstorming

Das Brainstorming ist eine klassische Kreativitätsmethode. Durch spontane Äußerungen der Gruppenmitglieder zu einer bestimmten Problemstellung wird mit dieser Methode eine große Anzahl an Ideen entwickelt und gesammelt. Dabei wird auf jegliche Form der Kritik verzichtet. Beim Brainstorming in einer Gruppe können sich die Teilnehmer gegenseitig durch ihre Beiträge zu weiteren Ideen anregen. Durch diese wechselseitige Anregung, die von einem Moderator noch gezielt gesteigert werden kann, lassen sich mit dieser Technik in kurzer Zeit eine Fülle von Anregungen produzieren.

635-Methode

Die 635-Methode ist eine Kreativitätstechnik, bei der zum Beispiel eine Kreativgruppe von sechs Personen jeweils drei Ideen innerhalb von fünf Minuten notiert. Anschließend gibt jedes Gruppenmitglied sein Notizblatt an den linken Nachbarn weiter, der wiederum in den folgenden fünf Minuten drei weitere Ideen auf Basis der Notizen seines Vorgängers notiert. Innerhalb von einer halben Stunde lassen sich so dreißig Ideen generieren. Aufgrund der stark reglementierten Arbeitsweise werden vorschnelle Bewertungen oder Diskussionen einzelner Ideen vermieden, sodass der Prozess der Ideenfindung ungestört ablaufen kann.

Folgendes einfache Formular hat sich in der Praxis bewährt:

Problemstellung:	

Gruppenmitglieder:	1. Idee	2. Idee	3. Idee
Anna-Lena			
Jonathan			
Ammeli			
Frederik			
Lea			
Katja			

Abbildung 17: *Formular für eine 635-Kreativitätssitzung*

Kartenabfragen

Bei der Kartenabfrage schreiben die Teilnehmerinnen und Teilnehmer ihre Ideen auf Karten, die anschließend an der Pinnwand nach Ähnlichkeit sortiert werden. Diese Methode dient der Sammlung von Ideen oder Informationen zu einem Thema bei gleichzeitig hoher Beteiligung und Aktivierung aller Teilnehmer. Dabei bleibt die Anonymität der Kartenschreiber teilweise erhalten.

Mind Map und Mind-Map-Circle

Eine Mind Map (auch Gedankenkarte) ist eine grafische Darstellung, die Beziehungen zwischen verschiedenen Begriffen visualisiert. Mind Maps enthalten das Thema in der Mitte eines großen Blattes. Nach außen werden verschiedene Hauptstränge mit weiteren Verästelungen dargestellt. Auf den Ästen stehen Schlüsselwörter oder Kernbegriffe. Mit Farben können Gedankengänge deutlich gemacht werden, um der kreativen Arbeitsweise des Gehirns gerecht zu werden. Die Mind Map sollte schnell erfassbar und übersichtlich sein.

Die Mind Map eignet sich besonders zur:

- Ideensammlung
- Strukturierung von Sachtexten
- Planung und Organisation
- Prüfungsvorbereitung
- Vortragsgliederung

Gerade beim Einsatz in Kreativphasen hat sich auch die Technik des Mind-Map-Circle bewährt. Hierbei wird Mind Map von einem Teilnehmer erstellt, der diese nach fünf Minuten an seinen linken Nachbarn weitergibt. Der Nachbar arbeitet dann die Ideen weiter aus und gibt die Mind Map seinerseits nach fünf Minuten an seinen linken Nachbarn weiter. Bei Gruppen bis zu fünf Teilnehmern kann die Mind Map einmal die komplette Runde machen.

Malen und Zeichnen von Bildern

Das Malen oder Zeichnen ist gerade für Erwachsene eine ungewohnte Methode, um sich mit betrieblichen Fragestellungen zu beschäftigen. Ungewöhnliche Methoden bringen oft auch Ergebnisse, die abseits der ausgetretenen Pfade liegen. Als nicht sprachliche Methode ist das Malen von Bildern sehr gut geeignet, um bisher tabuisierte Themen zu visualisieren und deren Bedeutung für Führung und Kultur im Unternehmen bewusst zu machen.

Bionik

Die Bionik ist eine Kreativitätstechnik, die „Lösungen der belebten Natur" nutzt, um Innovationen in anderen Bereichen (Natur- und Ingenieurwissenschaften, Technik, Betriebs- und Personalführung) zu entwickeln. Die Bionik ist deshalb ein sehr stark interdisziplinär geprägtes Arbeitsfeld. Die Vorgehensweise lässt sich in vier Schritten darstellen:

1. das Ausgangsproblem definieren
2. in der belebten Natur Analogien finden
3. die Vorbilder, Beispiele und Muster aus der Natur analysieren
4. mit Erkenntnissen aus der Natur Ideen für das zu lösende Problem finden

Alle aufgeführten Methoden lassen sich im Plenum, in Kleingruppen und in der Einzelarbeit einsetzen. Dadurch lernen die Mitarbeiter auch, noch unausgegorene Ideen zu äußern, die dann im Team entwickelt werden können.

Loben Sie jeden kreativen Vorschlag Ihrer Mitarbeiter, um das Verhalten zu konditionieren. Wirken Sie abwertenden Äußerungen entgegen.

An dieser Stelle ist auch Ihr eigenes Verhalten als Führungskraft sehr kulturprägend. Sprechen Sie in der Öffentlichkeit über Ihre Ideen, Träume und Visionen, auch wenn noch keine Umsetzungsmöglichkeiten auf der Hand liegen. Erfragen Sie das kreative Potenzial des Mitarbeiters und motivieren Sie den Mitarbeiter dazu, mit diesem Material konstruktiv weiterzuarbeiten.

6.8 Das persönliche Erfolgstagebuch

Sie haben das Erfolgstagebuch als eine geniale Strategie kennengelernt, um das Denken, Fühlen und Handeln von Menschen auf die Erfolge im Leben auszurichten. Damit ist es ein ganz wesentliches Instrument, um intrinsische Motivationsquellen zu erschließen. Es ist nicht nur ein unersetzbarer Baustein zur Selbstmotivation, denn es erschließt auch dem Mitarbeiter motivierende Energiequellen.

Sprechen Sie über Ihr Erfolgstagebuch und schenken Sie dem Mitarbeiter sein persönliches Exemplar. Schreiben Sie vielleicht eine motivierende persönliche Widmung hinein.

Wäre Folgendes ein motivierender Tagesabschluss für Ihre Abteilung? Sie schließen den Arbeitstag mit einer 10-minütigen Abteilungsbesprechung ab, in der jeder Mitarbeiter kurz seinen Tageserfolg nennt und ihn in sein Erfolgstagebuch einträgt. Doch Vorsicht: Ein solches Vorgehen setzt eine sehr vertrauensvolle Arbeitsatmosphäre für alle Mitarbeiterinnen und Mitarbeiter voraus. Vertrauen kann nur durch die tägliche verlässliche Arbeit wachsen, und kann nicht von der Führungskraft per Anweisung übergestülpt werden! Solche Versuche säen dort Ablehnung, Unverständnis und Misstrauen, wo ursprünglich Vertrauen wachsen sollte.

6.9 Integrieren Sie den Mitarbeiter in Ihr eigenes Motivationsnetzwerk

Nehmen Sie Mitarbeiter in Ihr persönliches Motivationsnetzwerk auf. Dieser Schachzug ermöglicht Ihnen die Begegnung mit dem Mitarbeiter in einer informellen Umgebung, außerhalb des betrieblichen Alltags. Arbeiten Sie mit Zielsetzungen, die die betrieblichen Ziele stützen. Beispielsweise könnten sich die Ziele des Netzwerkes darum drehen,

- dass sich die Mitglieder gegenseitig fördern,
- dass sich die Mitglieder bei der Erreichung von Zielen gegenseitig coachen,
- dass sich die Mitglieder motivieren und Erfahrungen austauschen,
- dass erfolgreiche Vertriebs- und Führungsstrategien ausgetauscht werden,
- dass allgemeiner Wissenstransfer stattfindet.

Diese Ziele werden zwar auch oft im betrieblichen Alltag angestrebt, doch stehen ihnen gegensätzliche Erfahrungen im Wege. Gut klingende Organisationsleitbilder finden kaum Einlass in die betriebliche Realität. Die gegenseitige Förderung wird meist behindert durch Misstrauen, Argwohn, egoistisches Karrierestreben und Machtmissbrauch. Schaffen Sie deshalb durch Ihr Motivationsnetzwerk ein Gegengewicht zum Alltag.

Die Treffen könnten zum Beispiel als Lernforum dienen, um mit den betrieblichen Unzulänglichkeiten umzugehen. Aus diesem Grund haben sich auch Netzwerke mit Teilnehmenden aus verschiedenen Organisationen bewährt.

Gute Erfahrungen haben wir auch damit gemacht, die Mitgliedschaft zeitlich zu begrenzen. Dadurch wird ein gewisses Maß an Fluktuation sichergestellt, die die Arbeit innerhalb des Netzwerks bereichert.

Es bietet sich ebenfalls an die Mitgliedschaft im Netzwerk an individuelle Entwicklungen zu koppeln. Damit wird innerhalb des Netzwerkes eine permanente Entwicklung erreicht. Das Klima gestaltet sich sehr veränderungsfreundlich und befruchtet die persönlichen Fortschritte der Mitglieder.

7. Widerständen konstruktiv und souverän begegnen

Gerade in Zeiten der Krise oder des technologischen Wandels kommt es in Führungssituationen oft zu Widerständen. Die betrieblichen Ressourcen werden knapp und die Verteilungskämpfe innerhalb der Unternehmen werden härter. Mitarbeiter, die es verstehen, mit den Vorbehalten ihrer Umgebung zielorientiert umzugehen und sogar die Arbeitsfähigkeit der betroffenen Bereiche verbessern, sind selten anzutreffen. Wer Widerstände und Störungen nutzbar macht und dadurch schwierige Problemlagen löst, ist gerade in wirtschaftlich harten Zeiten eine gefragte Führungskraft, die sich vielleicht sogar für einen größeren Verantwortungsbereich empfiehlt. So gelingt es in der Tat, gestärkt aus der Krise hervorzutreten.

Zunächst möchte ich den Begriff Widerstand definieren:

> Der Widerstand ist ein Verhalten von Gruppen oder einzelnen Personen, das sich belastend auf die Arbeitsfähigkeit und Zielorientierung von Gruppen, Gruppenteilen oder Einzelpersonen auswirkt.

Häufig kommt es zum Beispiel vor, dass Mitarbeiter gegen Veränderungen Widerstände entwickeln und Passivität, Frustrationen oder Blockaden sichtbar werden. Sie nehmen an, mit den veränderten neuen Bedingungen nicht hochwertig arbeiten zu können. Oder sie sehen sogar furchtsam ihren Arbeitsplatz gefährdet, klammern sich an das Bewährte und bleiben deshalb der Neuerung gegenüber passiv.

Ein Widerstand kann sich jedoch auch in gegensätzlichem Verhalten zeigen. Eine Buchhalterin leistete zum Beispiel viele freiwillige Überstunden, um zu verschleiern, dass die Software den gestiegenen Anforderungen der Geschäftsführung nicht genügt. Die Dame war sehr aktiv, um der Anschaffung eines neuen Programms zu entgehen. Widerstände lösen manchmal Verhaltensweisen aus, die sogar erwünscht sind. Aus diesem Grund sind viele Widerstände schwer zu erkennen und ebenfalls schwer auf ihre Ursache zurückzuführen. Zusätzlich gilt, dass der Widerstand vielfach das Symptom ist und nicht die Ursache für die beeinträchtigte Arbeitsfähigkeit einer Gruppe oder einzelner ihrer Mitglieder.

Leider wird in vielen Unternehmungen und Verwaltungen nach dem konfliktträchtigen Grundsatz gehandelt: „Wer nicht für uns ist, ist gegen uns, und wer gegen uns ist, der ist ein Feind.“ Werden die Widerständler als Störenfriede stigmatisiert, wird der Widerstand fundamentiert und sich vergrößern. Besonders schlimm ist, dass sich der Widerstand nicht mehr offen artikuliert, sondern in den Untergrund der Organisation geht. Dort ist die Opposition dann nur noch schwer zu erkennen, kaum noch zu bearbeiten oder auf einen konstruktiven Weg zu bringen. Mir ist es deshalb an dieser Stelle besonders wichtig, dass Widerstände nicht grundsätzlich negativ gesehen werden. Widerstände sollten vielmehr wahrgenommen und behandelt werden als eine ganz normale Reaktion einer Organisation auf sich verändernde Bedingungen.

Gerade in Zeiten der Rezession kommen viele Abläufe und Strukturen auf den Prüfstand, der Veränderungsdruck ist enorm. Wer hier zur Brechstange greift, richtet auf Dauer Schaden an.

In einem Unternehmen, das sich auf dem Weg vom Ist-Zustand zum angestrebten Ziel befindet, wirken zwei Kräfte in oft entgegengesetzter Richtung. Die „Macher“ ziehen und drücken vom Ist-Zustand zum Ziel, und die „Widerständler“ wirken dann auf 180 Grad gegensätzlichem Kurs. Vielfach heben sich die wirkenden Kräfte gegenseitig fast vollständig auf. Trotz gesteigertem Energieeinsatz und Zeitaufwand der beteiligten Akteure scheint sich nichts zu bewegen, die Beteiligten werden frustriert, die gegenseitigen Schuldzuweisungen nehmen zu. Das Arbeitsklima und die Beziehungen verschlechtern sich rapide.

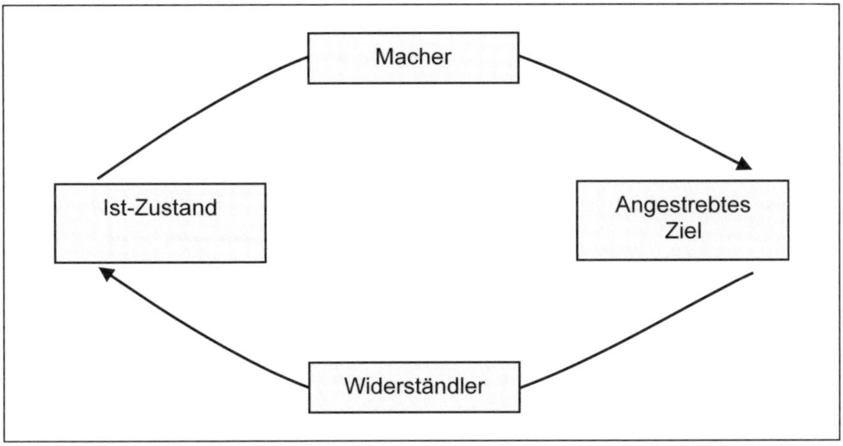

Abbildung 18: *Wirkungsweise von Macher und Widerständler*

Vier Fragestellungen möchte ich mit Ihnen gemeinsam untersuchen, wenn es in diesem Buch um Widerstände geht:

1. Woran können Sie Widerstände erkennen? Sie erhalten einen Katalog von Verhaltensweisen, die Ihnen in der Führungspraxis helfen, Widerstände in Ihren Organisationen zu erkennen.

2. Welche Ursachen lassen sich für die Widerstände identifizieren? Aus dem Verhalten der Beteiligten als Symptom gilt es auf die Ursachen des Widerstandes zutreffend zu schließen.

3. Wie können Sie Widerständen vorbeugen? Oft lässt sich durch entsprechendes Verhalten im Vorfeld der Widerstand klein halten oder er entsteht erst gar nicht.

4. Wie können Sie mit Widerständen konstruktiv umgehen? Es werden kommunikative und organisatorische Werkzeuge vorgestellt, mit denen die Ursache des Widerstandes mit den Beteiligten bearbeitet werden kann und die Arbeitsfähigkeit der Gruppe oder der Einzelperson wiederhergestellt wird.

7.1 Woran können Sie Widerstände erkennen?

Die in Gesprächen zuvor fest vereinbarten Ressourcen zur Erreichung eines Zieles werden beschnitten bzw. verweigert. Projektmitglieder kommen zum Beispiel zu spät, gehen früher, werden durch hohe Dringlichkeiten aus der Sitzung herausgeholt oder erscheinen sogar gar nicht. Linienvorgesetzte setzen sich über ein ungeliebtes Projekt hinweg und schütten ihre Mitarbeiter mit so viel Linienarbeit zu, dass deren Projektbeiträge nicht termingerecht geleistet werden können. Dies ist eine subtile und sehr verbreitete Möglichkeit von Linienführungskräften über ihre Mitarbeiter Einfluss auf Projekte zu nehmen. Doch bei der Interpretation von Verhalten als Widerstand ist Vorsicht geboten: Bei hoher Arbeitsbelastung der Beteiligten braucht aus diesem Verhalten kein Widerstand abgeleitet zu werden. Außerdem kann die häufige Störung auch mit dem Unternehmensgegenstand zu tun haben oder zur Kultur des Unternehmens gehören.

Die Teilnehmer stören, verweigern die Mitarbeit bzw. verhalten sich passiv schweigend oder ziehen sich langsam zurück. Vereinbarte Arbeitsbeiträge der Teilnehmer zum Beispiel in Projekten werden nicht, nur teilweise, verspätet oder in schlechter Qualität geleistet.

An körpersprachlichen Signalen lässt sich der Widerstand auch erkennen. Geringschätzung für Inhalt, Leitung oder Rahmenbedingungen sind an abwertenden Gesten, missmutiger Mimik oder fehlendem Blickkontakt erkennbar. Wer sich abwendet, die Distanz vergrößert oder die Arme demonstrativ vor der Brust kreuzt, lässt ebenfalls Rückschlüsse auf Widerstand zu. Hier gilt es allerdings vorsichtig zu sein, denn gewiefte Widerständler tarnen sich gerne mit einer offenen und freundlichen Art.

In einigen mir bekannten Gremien wird die Sitzungszeit dazu genutzt, um Dinge zu tun, die mit dem Arbeitsgegenstand des Forums nicht in Beziehung steht. Es wird Zeitung gelesen, der Tippschein ausgefüllt, SMS geschrieben oder irgendwelche anstehende Arbeit erledigt. Man schwätzt hemmungslos in kleinen Subgrüppchen drauf los oder rennt sogar bei laufender Veranstaltung herum und spricht Termine ab. Die fadenscheinige Begründung lautet, dass man sich ja sonst angeblich nicht sieht. Oft wird damit für die anderen Teilnehmenden bewusst und offensichtlich Missachtung zum Ausdruck gebracht.

Gruppenmitglieder greifen sich gegenseitig oder die Leitung der Gruppe verbal an. Diffamierungen sollen den Kollegen bloß stellen oder die Leitung schwächen. Die Teilnehmer äußern offen Kritik an dem Gegen-stand der Veranstaltung, den Rahmenbedingungen oder der Leitung. Es wird Kampf- oder Fluchtverhalten gezeigt.

Dabei verfolgen Widerständler gerade auch außerhalb der jeweiligen Foren ihre Ziele. Die Teilnehmer sind im informellen Teil der Veranstaltung aktiv, zum Beispiel in den Pausen, im formalen Teil halten sie sich zurück. Auf einer höheren Eskalationsstufe kann es auch zu Koalitionen der Widerständler kommen, die dann die Gemeinschaft nutzen, um ihre Unzufriedenheit kraftvoll zu artikulieren.

Ein hoher Krankenstand oder eine Abwesenheitsrate kann auch ein Indiz für vorhandene Widerstände sein.

Es werden permanent Argumente gegen das angestrebte Ziel vorgebracht. Die vorherrschende Intention ist jedoch nicht das durchsetzungsstarke Ringen um die beste Lösung, sondern Motivation ist die Torpedierung des angestrebten Ziels. Manchmal werden auch Gegenargumente vorgetragen, die der eigenen Meinung kaum entsprechen, um die wahren Beweggründe zu verschleiern.

Eine andere beliebte Taktik von Widerständlern ist das Versteckspiel hinter weitschweifigen und gleichzeitig inhaltsleeren Formulierungen. Es werden Plattitüden wiederholt und bekräftigt, ohne die Sache wirklich voranzubringen. Während dessen rieselt die Zeitressource dahin und für alle Beteiligten ist wieder wenig dabei herausgekommen.

Diese Auflistung soll Sie sensibilisieren für die unterschiedlichen Erscheinungsformen von Widerständen. Achten Sie in Ihrer Praxis darauf, dass Verhalten nur aus seinem inhaltlichen, persönlichen und sozialen Kontext heraus interpretiert werden sollte. Als junger Trainer habe ich beispielsweise einmal aus dem häufigen Essen eines Teammitgliedes auf einen Widerstand geschlossen, den Herrn brüsk zur Rede gestellt und ihm mangelndes Interesse an der Sache unterstellt. Der Mann wartete meine Unterstellung geduldig ab und erklärte mir ruhig, dass er Diabetiker sei. Danach war eine Entschuldigung fällig – von mir.

7.2 Welche Ursachen lassen sich für Widerstände identifizieren?

Schlecht gestaltete Arbeitsabläufe sind eine der häufigsten Ursachen für Widerstände in Betrieben. Wenn hohe Arbeitserwartungen bestehen und gleichzeitig Material fehlt, sind Menschen zu Recht erbost. Ein kurzfristig anberaumtes zweistündiges Meeting am Freitag um 15.30 Uhr wirkt wie ein Fehdehandschuh, der den Teilnehmern von den Organisatoren vor die Füße geschmissen wird. Kein Wunder, wenn sich Einzelne zum Duell herausgefordert fühlen. Gerade in wirtschaftlich schwierigen Zeiten werden der Budgetrahmen oder die Zeitressourcen sehr knapp gehalten. Ständige unangenehme Nachverhandlungen sind vorprogrammiert und belasten die Arbeitsfähigkeit enorm. Außerdem werden Mitarbeiter dadurch ständig fachlich oder emotional stark gefordert oder sogar überfordert.

Wenn uns Informationen fehlen, neigen wir dazu, diese durch Annahmen zu ersetzen. Leider sind diese Annahmen oft negativ und lösen Furcht aus. Erfahren Mitarbeiter beispielsweise aus der Zeitung über die wirtschaftliche Lage ihres Unternehmens, über Fusionen, Aufkäufe oder Entlassungen liegen mitunter krasse Fehler in der Informationspolitik vor, die das Vertrauen schwinden lassen und die Mitarbeiter in den Widerstand treiben. Die Mitarbeiter entwickeln Angst vor der Veränderung oder deren Konsequenzen, sie misstrauen der Leitung oder sind unsicher, ob sie den gestellten Anforderungen gerecht werden können. In der betrieblichen Praxis fehlen zum Beispiel Informationen bezüglich den Zielen des Unternehmens, der Vorgehensweise bzw. Methodik einer Führungskraft, der herrschenden Erwartungen und Anforderungen, dem Anlass für eine bestimmte Maßnahme, den Beteiligten oder den Konsequenzen bei Nichterfüllung der Arbeitsnormen. In der Organisation wird damit die Gerüchteküche aktiviert, Bedenkenträger und negative Vorurteile werden massiv bestätigt.

Zwang löst Widerstand aus. Auch bei dem Verständnis von Ursachen für Widerstände gilt das physikalische Gesetz vom Druck, der den Gegendruck auslöst. Zum Beispiel können vom Chef angeordnete Pflichtteilnahmen an Fortbildungsveranstaltungen die Teilnehmer in Widerstand treiben. Eine andere Quelle für Druck sind die Umweltbedingungen des Unternehmens.

Wenn 30 Prozent des Umsatzes wegbrechen oder einer der Hauptkunden Insolvenz anmeldet, wirken mächtige Sachzwänge in das Unternehmen hinein, die zu dramatischen Einschnitten führen. Angesichts dieser überwältigenden Kräfte des Marktes sind sich viele Beteiligte ihrer Hilf- und Machtlosigkeit bewusst und gehen passiv abwartend in ihren persönlichen Stand-by-Modus. Inwieweit gerade hier von Widerstand ausgegangen werden kann, sollte im Einzelfall besprochen werden.

Eine weitere Form von Zwang kann von der Rolle ausgehen, die ein Mensch in der Organisation hat. Beispielsweise fühlen sich Mitglieder des Betriebs- oder Personalrates qua Rolle zu kritischem Verhalten gegenüber bestimmten Veränderungen verpflichtet. Und dies wird auch vom Gesetzgeber gewünscht. Zusätzlich können auch innerhalb der Gruppe erworbene Rollen determinierend auf das Verhalten wirken. Hat sich ein Gruppenmitglied zum Beispiel die Rolle des „Rebellen“ angeeignet, so wird das dazu gehörige Verhalten bevorzugt praktiziert werden, auch wenn der Rollenträger die Beschlüsse der Gruppe mittragen könnte. Eine letzte sehr verbreitete Form von Zwang wird über Erfolgsdruck auf Mitarbeiter ausgeübt. Gerade in Verkauf und Vertrieb ist es üblich, Menschen mit niedrigen Fixgehältern und hohen erfolgsabhängigen Gehaltsanteilen zu motivieren. Grundsätzlich ist diese Honorierung vertretbar, wenn es darum geht, Menschen an ihrem Erfolg zu beteiligen. Dieses System hat jedoch dort klare Grenzen, wo es stark unter Druck setzt und Menschen mit dem Druck alleine gelassen werden. Meist wird dann die kurze Motivationsphase durch eine längere Widerstandsperiode abgelöst.

Die Mitarbeiter haben mit ähnlichen Projekten bereits schlechte Erfahrungen gemacht. Beispielsweise werden viele Widerstände durch falsch eingesetzte Motivation gesät. Man verspricht den Beteiligten einen verbesserten Arbeitsablauf, wenn die Mehrarbeit durch die Umstellungsphase erledigt ist. Im Vertrauen auf diese Zusage geben die Mitarbeiter engagiert alles, motiviert durch Hoffnung auf bessere Zeiten. Leider bricht das Engagement in sich zusammen, wenn die Erleichterungen nicht eintreten oder sogar eine deutliche permanente Mehrbelastung nach der Neuerung bleibt. Oft gibt es parallel in der Geschichte Indiskretionen mit vertraulichen Informationen von Teilnehmenden oder der Leitung, die die Arbeitsfähigkeit schwinden lassen. Leichtfertig wird durch enttäuschte Hoffnungen die Veränderungsbereitschaft nachhaltig belastet. Nur die Worte „Veränderung“ oder „Projekt“ lösen dann schon Vorbehalte aus und rufen die Enttäuschungen wach. Bei einem derartigen Erfahrungshintergrund der Beteiligten sind Widerstände nur zu verständlich.

Anerkennung ist jedem Menschen wichtig. Oft fühlen sich jedoch die Teilnehmenden von der Leitung nicht hinreichend anerkannt, gewürdigt und beachtet. Wenn durch themenorientierte Beiträge nicht die gebührende Aufmerksamkeit erlangt wird, gehen manche Teilnehmer in den Widerstand und nehmen so den entsprechenden Einfluss auf die Gruppe.

Antipathien auf der zwischenmenschlichen Ebene bilden manchmal auch die Triebfeder, um in den Widerstand zu gehen oder dort auszuharren. Die Menschen mögen sich nicht oder sie haben aufgrund von zurückliegenden Ereignissen noch unbezahlte Rechnungen offen. Der Widerstand dient dazu, sich für solche Episoden Genugtuung zu verschaffen, Rache wird zum Handlungsmotiv in Organisationen. Menschen rächen sich, weil sie verletzt wurden oder weil sie neidisch sind.

Schlichte Faulheit und fehlende Motivation erschweren die Veränderung. Bequem richten sich Menschen darauf ein als Minimalisten über das verlängerte BAföG in den vorgezogenen Ruhestand zu kommen. Trägheit, Gewohnheit und Bequemlichkeit sind leistungsfeindlich. Wer ein hohes Maß dieser Eigenschaften auf sich beziehen kann, ist in der Gefahr alles abzulehnen, was dieses beschauliche Nest in Frage stellt. Widerstand ist der Ausweg, um Beschaulichkeit zu erhalten. Es ist eine Frage von Führung und Organisationskultur, in welchem Ausmaß Faulheit und fehlende Motivation Ursache für Widerstand sind.

Eine sehr verbreitete Wurzel von Widerständen liegt in der unzureichenden Würdigung von Geschichte. Wer Dinge in Frage stellt, der stellt auch diejenigen in Frage, die bisher für diese Dinge gearbeitet haben. „Arbeitsabläufe sind wie ein Mensch. Es hängt immer ein Kopf dran“, sagte einmal ein sehr erfolgreicher Chef eines Familienunternehmens zu mir. Der Kopf hängt an seiner Aufgabe, bezieht aus ihr Anerkennung, Zufriedenheit und Einkommen. Um den Kopf für neue Ideen zu gewinnen, die bestehendes in Frage stellen, braucht er Sicherheit und Wertschätzung für das Geleistete. Fehlt die Würdigung oder wird die gegenwärtige Aufgabe sogar entwertet, gehen Menschen in Widerstand zur Neuerung.

Mangelnde Professionalität der Leitung wie zum Beispiel fachliche Defizite oder mangelnde Vorbereitung stellen das Vertrauen der Teilnehmer in ihre Führung auf eine harte Probe. Nur eine starke Leitung kann die Belange der Gruppe nach außen vertreten. Vielfach entspricht eine starke Führung viel mehr den Erwartungen einer Gruppe. Eine schwache Leitung löst dagegen selbst Widerstand aus, weil der Arbeitsprozess ineffizient ist und die von den Teilnehmenden erwartete Ergebnisorientierung fehlt. Wird die erlebte Ziellosigkeit dann auch noch durch mangelnde pädagogische Kompetenz oder fehlende Methodensicherheit flankiert, nehmen die Widerstände oft so stark zu, dass die gesamte Gruppe arbeitsunfähig ist.

Diese Darstellung von möglichen Ursachen für Widerstände soll Ihnen in Ihrer Praxis helfen aus einem beobachteten Verhalten auf seine Ursache zu schließen. Haben Sie die Ursache erkannt, können Sie alleine oder in Zusammenarbeit mit den Beteiligten überlegen, wie diese Quelle von Beeinträchtigungen für die Arbeitsleistung einer Gruppe bearbeitet werden kann.

7.3 Wie können Sie mit Widerständen konstruktiv umgehen?

Wer als Führungskraft mit Widerständen konstruktiv umgehen will, sollte seine Einstellung zum Widerstand und zum Widerständler überprüfen. Nützlich ist es, den Widerstand positiv zu sehen, denn dadurch lässt sich die Ursache in einer angenehmen Atmosphäre bearbeiten und auf ein Ziel konstruktiv ausrichten. Wenn Sie diese veränderte Sichtweise für sich und Ihr soziales Umfeld im Unternehmen umsetzen, fällt es Ihnen deutlich leichter Mehrwert in Belastungssituationen zu schaffen.

> Wer in kritischen Situationen unter Beweis stellen kann, dass er das Ruder fest in der Hand hat und das Schiff sicher in den Hafen führt, der macht auf sich aufmerksam.

Sie zeigen, dass es sich lohnt, Sie mit verantwortungsvollen Aufgaben zu betrauen. Sie bringen Situationen, die sich festgefressen haben, wieder in Bewegung. Prozesse laufen durch Ihr Einwirken und nehmen Fahrt auf, wo vorher Stillstand und Frustration geherrscht hat. Praktizieren Sie eine positive Einstellung zum Widerstand, weil

- die Arbeit der Gruppe und der Weg zum Ziel durch die Widerstände hinterfragt werden. Es können Aspekte einfließen, die sonst unbeachtet geblieben wären und die Qualität der Arbeit oder der Lösung kann sich dadurch spürbar verbessern.
- sich in den Widerständen ein hohes Engagement äußert. Es gehört Stehvermögen und Rückgrat dazu, sich gegen eine Gruppe oder gar den Chef zu stellen. Wird dieses Engagement teilweise oder ganz auf das Ziel ausgerichtet, nimmt die Leistungsfähigkeit der Gruppe deutlich zu.
- sich im Widerstand Kritik kanalisiert und offen zu Tage tritt. Unterschwellige Vorbehalte treten an die Oberfläche und können zum Gegenstand der Auseinandersetzung gemacht werden. Dadurch kann die Kritik in den Prozess einbezogen werden und es lassen sich frühzeitig kleinere Kurskorrekturen vornehmen.

Bedeutend im Umgang mit Widerständen ist außerdem, dass Sie nicht den Widerstand oder den Widerständler, sondern die Arbeitsfähigkeit der Gruppe zum Maßstab für Ihre Vorgehensweise machen.

Akzeptieren Sie Widerstand als normale Eigenschaft einer Organisation oder Gruppe, beziehen Sie ihn in den Weg zum angestrebten Ziel mit ein. Geben Sie dadurch den Widerständlern die Möglichkeit, sich in der Lösung wiederzuerkennen und der Situation ihren Stempel aufzudrücken. Diese frühzeitige Beteiligung baut Widerstände ab, wenn sie noch klein sind, und sorgt für weitreichende Akzeptanz. Selbst wenn das Ziel geringfügig verändert werden muss, um die Akzeptanz der Beteiligten zu gewinnen, lohnt es sich meistens auf den Verhandlungspartner zuzugehen und Brücken zu bauen.

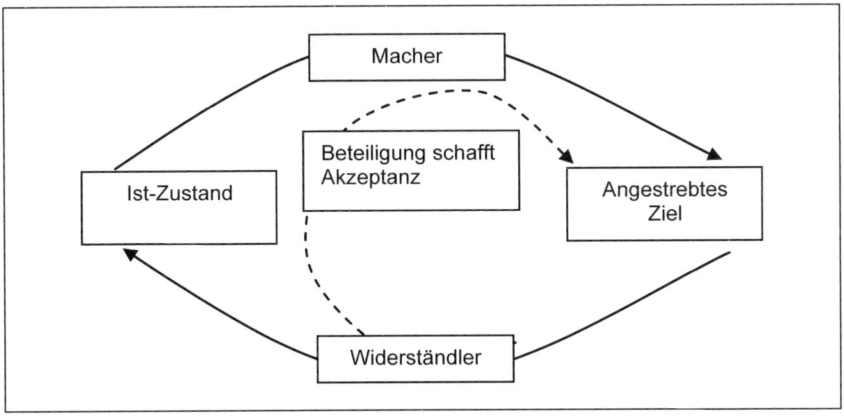

Abbildung 19: *Widerständler für angestrebtes Ziel nutzbar machen.*

Beim Umgang mit Widerständen werden sehr oft zwei Fehler gemacht:

1. *Die Leitung reagiert zu hart bzw. zu schnell*
   Die Gruppe fühlt sich durch den Widerstand in ihrer Arbeitsfähigkeit noch überhaupt nicht eingeschränkt, erlebt das kritische Nachfragen einzelner Gruppenmitglieder vielleicht sogar bereichernd. Wenn in dieser Situation starke Impulse von der Leitung eingesetzt werden, um die Widerständler zur Ordnung zu rufen, erlebt die gesamte Gruppe dies als unangemessen und wird sich von der Leitung emotional distanzieren. Der Widerstand wird zunehmen.

2. *Die Leitung reagiert zu weich bzw. zu langsam*
   Trotzdem sich die Gruppe in ihrer Arbeitsfähigkeit durch das Verhalten einzelner Gruppenmitglieder bereits deutlich eingeschränkt fühlt, reagiert die Leitung nicht oder nicht angemessen. Die Gefahr ist groß, dass das fehlende Eingreifen der Leitung von den interessierten Gruppenmitgliedern thematisiert wird. Dadurch wird die Arbeitsfähigkeit weiter sinken und Widerstände bauen sich auf.

Um diese zwei Fehler im Umgang mit Widerständen zu vermeiden, kommt es also darauf an, zum richtigen Zeitpunkt zu intervenieren. Für das folgende Konzept bedeutet dies, dass Sie immer dann eine Stufe stärker reagieren, wenn die Beeinträchtigung der Arbeitsfähigkeit zunimmt.

Stufe I: Ignorieren Sie scheinbar den Widerstand

Beobachten Sie das Verhalten des Widerständlers und die Reaktion der Gruppe. Nimmt die Gruppe den Widerstand positiv auf, zeigen Sie sich unbeeinträchtigt. Reagieren Sie erst, wenn die Arbeitsfähigkeit der Gruppe tatsächlich leidet, dass heißt, wenn Sie einige der Merkmale erkennen, die wir weiter oben aufgeführt haben.

Es ist mit viel weniger Risiko behaftet, wenn Sie die Veranstaltung zu Ende bringen, ohne den Widerstand zu thematisieren. Im Anschluss können Sie, wenn sich die Gemüter etwas beruhigt haben, mit dem Widerständler das Gespräch suchen und auf sein Verhalten einwirken.

Stufe II: Reagieren Sie auf den Widerstand nonverbal

Signalisieren Sie dem Widerständler, dass Sie ihn beachten. Oft ist fehlende Anerkennung ein Grund für Widerstände. Wenn sich der Widerstand an bestimmten Personen festmacht, sind geeignete Mittel beispielsweise:

- Nehmen Sie intensiven Blickkontakt zu den Widerständlern auf. Damit signalisieren Sie dem Widerständler Ihre Aufmerksamkeit.
- Bringen Sie durch mimische Signale zum Ausdruck, dass Sie die Störung bemerken und sich gestört fühlen.
- Machen Sie eine Sprechpause von etwa drei bis fünf Sekunden. Erst, wenn Sie die Konzentration der gesamten Gruppe genießen, fahren Sie fort.
- Verkleinern Sie die Distanz zwischen sich und dem Widerständler, um seine Aufmerksamkeit zu erregen.
- Verändern Sie Ihre Modulation und sprechen Sie lauter oder leiser.

Wenn Sie den Widerstand nicht bestimmten Personen zuordnen können, verleihen Sie Ihrer Unzufriedenheit nur körpersprachlich Ausdruck. Wenn sich Teilnehmer zum Beispiel verspäten, schauen Sie in Gegenwart der anwesenden Teilnehmenden auf die Uhr und seufzen kurz.

Stufe III: Machen Sie den Widerstand verbal deutlich.

Wichtig: Sprechen Sie in dieser Stufe nur den Widerstand an, nicht den Widerständler. Noch unterstellen Sie dem Widerständler Interesse am Thema und die Absicht, sich im Horizont der Aufgabe verhalten zu wollen. Eine direkte Ansprache des Widerständlers könnte ihn aus der Gruppe herauslösen und damit von der Gruppennorm abweichendes Verhalten fördern. Um zu erreichen, dass sich der Widerständler wieder an die Gruppennorm hält, können Sie zum Beispiel folgende Formulierungen nutzen:

- „Es ist sehr laut hier." Damit machen Sie der Gruppe die Situation bewusst.
- „Es werden einige Gespräche geführt, vielleicht um Erfahrungen zu reflektieren. Dazu sind gleich im Anschluss an die Präsentation fünfzehn Minuten vorgesehen." Durch diesen Impuls geben sie dem Widerstand nach der Veranstaltung ein Forum.

Ist die Gruppe grundsätzlich interessiert und Ihre Autorität entsprechend hoch, können Sie der Gruppe auch einen Verhaltensbefehl geben, den Sie gegebenenfalls als Bitte verpacken: „Meine Damen und Herren, [bitte] werden Sie ruhiger."

Bleiben Sie solange wie möglich bei den ersten drei Stufen, denn die folgenden Möglichkeiten grenzen die Widerständler von der Gruppe ab. Das kann zu Solidarisierungseffekten gegen Sie führen.

Stufe IV: Sprechen Sie den Widerständler an

Unterstellen Sie dem Widerständler weiterhin eine konstruktive Absicht für sein Verhalten. Die direkte Ansprache soll dem Widerständler die Aufmerksamkeit geben, die ihm vielleicht fehlt und ihn deshalb in den Widerstand treibt. Außerdem bekommen Sie in dieser Phase Informationen über eine mögliche Ursache für das Verhalten. Zeigen Sie sich deshalb hilfsbereit und von Ihrer freundlichen Seite. Sagen Sie beispielsweise:

- „Herr Ohm, was kann ich für Sie tun?" Sie können jetzt hilfsbereit sein und zum Beispiel Missverständnisse aufklären oder fehlende Informationen geben.

- „Herr Ohm, was möchten Sie an dieser Stelle kritisieren?“ Sie haben jetzt die Möglichkeit, die Kritik aufzunehmen und aus dem Weg zu räumen.
- „Herr Ohm, was möchten Sie zu diesem Punkt bemerken?“ Sie geben dem Widerständler die Möglichkeit zu sprechen, in der Hoffnung, dass er Gründe nennt, die es Ihnen ermöglichen den Widerständler zu beteiligen.
- „Ich kann verstehen, dass Sie einige Punkte bereits diskutieren. Gibt es noch offene Fragen, die Sie stellen möchten, Herr Ohm?“ Sie signalisieren Verständnis und klären die Fragen auf.

Empfehlenswert ist es, die aus der direkten Ansprache gewonnenen Erkenntnisse oder gebildeten Hypothesen zu benennen und mit der Gruppe kurz zu besprechen: „Herr Ohm, für Sie ist also [XY] besonders wichtig. Ist es für alle akzeptabel, wenn wir [ABC] machen, um [XY] zu erreichen?“ Mit dieser Technik steuern sie leicht in eine andere Richtung, mit dem Ziel den Widerständler für die Arbeit der Gruppe zu gewinnen.

Stufe V: Setzen Sie die Widerständler dem Gruppendruck aus

Das Verhalten der Widerständler wird so dargestellt, als ob es die Gruppenziele gefährde. Gehen Sie dabei wie folgt vor: Zunächst nennen Sie das Gruppenziel. Damit motivieren Sie für die Aufgabenstellung und scharen die Interessierten hinter sich. Dann stellen Sie das Gruppenziel über das Verhalten des Widerständlers in Frage. Damit trägt der Widerständler vor der Gruppe die Verantwortung dafür, dass das angestrebte Gruppenziel nicht erreicht werden kann. In der Regel führt dieses Verhalten der Leitung dazu, dass sich der Widerständler gruppenkonform verhält:

- „Wir haben uns hier getroffen, um Grundlagen der Organisationsentwicklung zu erarbeiten. Wir werden die in der Praxis wichtigen Aufgaben der Steuerungsgruppe nicht mehr ansprechen können, wenn Sie, Herr Ohm, weiterhin stören. Und das wäre für die ganze Gruppe schade, weil gerade dieses Thema in der Beratungspraxis ja enorm wichtig ist.“
- „Am Ende der Stunde wollte ich noch einige Informationen zur praktischen Umsetzung geben. Das setzt voraus, dass wir die Tagesordnung schaffen. Herr Ohm, Sie machen uns das durch Ihr störendes Verhalten nahezu unmöglich.“

Stufe VI: Lassen Sie die Widerständler entfernen

Hierzu gehören folgende Möglichkeiten, wenn die Widerständler im Publikum sitzen und Sie beispielsweise eine Rede oder einen Vortrag halten.

- Drohen Sie den Widerständlern mit dem Hinauswurf. Dies ist nur empfehlenswert, wenn Sie die Drohung auch durchsetzen können.
- Fordern Sie die Widerständler auf, den Saal zu verlassen.
- Lassen Sie die Widerständler durch den Veranstalter oder Ordnungskräfte entfernen.

Diese Möglichkeiten bieten sich nur an, wenn das Publikum so groß ist, dass das Entfernen weitgehend unbemerkt bleibt. Sollte Ihr Publikum relativ klein sein (weniger als ca. 200 Personen), ist es günstiger die Widerständler in einer Pause zu entfernen.

Stufe VII: Gehen Sie selbst und beenden Sie die Veranstaltung

Vorsicht: Wer geht überlässt seinen Widersachern das Feld! Sie sollten eine Veranstaltung beenden, wenn die Arbeitsfähigkeit dauerhaft so eingeschränkt ist, dass an der Aufgabenstellung nicht mehr gearbeitet werden kann. Sie demonstrieren durch den Abbruch der Veranstaltung deutlich mehr Stärke, als wenn Sie die Veranstaltung trotz ungenügender Arbeitsatmosphäre in die Länge ziehen. Geben Sie eventuell für die tatsächlich Interessierten einen Ersatztermin bekannt.

7.4 Wie können Sie Widerständen vorbeugen?

Oft kennen Sie Ihr Publikum im betrieblichen Umfeld sehr genau. Sie wissen, welche Personen dazu neigen, Widerstände zu entwickeln, und Sie wissen, welche Inhalte bevorzugt Widerstände hervorrufen werden. Viele der Gegenargumente kennen Sie vorher. Daraus folgt, dass Sie mit den potenziellen Widersachern im Vorfeld der Veranstaltung Gespräche führen können und in Einzelgesprächen überzeugen. Nehmen Sie sich ein Beispiel an einem guten Landwirt: Vor der Aussaat wird das Feld bearbeitet, um optimalen Wachstumserfolg zu erzielen.

Die in der Veranstaltung gelebten Rollen sollten klar definiert werden. Besprechen Sie, welche Erwartungen an das Verhalten der Gruppenteilnehmer bestehen. Verlegen Sie diese Besprechung in die Phase der Zusammenstellung der Gruppe. Nur wer den Erwartungen gerecht wird, kann Mitglied der Mannschaft werden. Machen Sie die Teilnahme beispielsweise über ein Bewerbungsverfahren zu einer Auszeichnung. Dadurch lässt sich viel Motivation erzielen.

Klare Strukturen, Regeln und umfangreiche Information an alle Betroffenen geben Sicherheit und schaffen Verlässlichkeit. Sorgen Sie dadurch für transparentes Führungsverhalten, denn nur wenn Ihr Umfeld versteht, warum ein Ziel angestrebt werden soll, kann sich die Einsicht in die Notwendigkeit bilden. In diesem Zusammenhang ist es ebenfalls besonders wichtig, rechtzeitig Veränderung einzuleiten und zu kommunizieren. Unnötiger Veränderungsdruck entsteht oft dadurch, dass Kurskorrekturen viel zu spät vorgenommen werden und die Veränderungsdynamik deshalb sehr hoch ist. Trainieren Sie die Mitarbeiter Ihres Verantwortungsbereiches durch häufige kleinere Veränderungen. Wer in kleinen Dingen gelernt hat, sich zu verändern, entwickelt wertvolles Selbstvertrauen für größere Veränderungsprozesse.

Dazu ist es sehr hilfreich, wenn Sie als Führungskraft Autorität und Vertrauen aufgebaut haben. Wenn die Mannschaft weiß, dass sie einen sturmerprobten Kapitän hat, der mit allen Wassern gewaschen ist, kommen auch dann keine Zweifel an der Führungserfahrung auf, wenn sich die Crew in unbekanntem Fahrwasser befindet. Klar definierte Ziele für die Mannschaft, Anerkennung und Wertschätzung für gute Leistungen und das Wir-Gefühl tragen zusätzlich dazu bei, dass Meuterei keinen Platz an Bord hat.

Die gewählte Methode sollte zur aktuellen Befindlichkeit der Gruppe passen. Überprüfen Sie, ob die von Ihnen gewählte Methode hinreichend motivierend ist. Die Gleichförmigkeit einer Folien- oder Powerpointpräsentation kann zu Langeweile bei den Teilnehmern führen und dadurch zu Widerstand anregen. Wechseln Sie deshalb Ihre Methoden und beziehen Sie Ihre Mitarbeiter in das Design entsprechender Problemstellungen oder Lösungskonzepte mit ein. Sie aktivieren dadurch nicht nur über das interessante Thema, sondern auch durch die gewählte Methode.

Viele unerfahrene Führungskräfte erliegen einem weit verbreiteten Fehler, wenn es darum geht, mit Gruppen gemeinsam Ziele zu erreichen: Sie widmen sich bereits der Lösung der Aufgabe, bevor Sie mit der Gruppe arbeitsfähig geworden sind.

> Werden Sie mit Gruppen erst arbeitsfähig, bevor Sie die Aufgabe mit der Gruppe bearbeiten.

Vor der Arbeit mit der Gruppe sollten Sie folgende Themenfelder ausgiebig bearbeitet haben, um mit der Gruppe eine gemeinsame verlässliche Basis zu haben:

- Schließen Sie einen detaillierten Auftrag mit Ziel- und Ressourcenvereinbarung.
- Informieren Sie sich über die Geschichte des Auftrages im Unternehmen.
- Ist der Auftraggeber in irgendeiner Weise vorbelastet?
- Lassen Sie nur Teilnehmer mit hoher Arbeitsbereitschaft zu.
- Halten Sie die Gruppe so klein wie möglich und so groß wie nötig.
- Achten Sie auf eine konstruktive Mischung von methodisch erfahrenen und unerfahrenen Teilnehmern.
- Lassen Sie nur Teilnehmer zu, die einen Beitrag leisten wollen und können.
- Lassen Sie nur Teilnehmer zu, die die geplanten Zeitressourcen zur Verfügung haben. Gegebenenfalls sollten Sie dies mit dem zuständigen Linienvorgesetzten des Teilnehmers besprechen.

Beachten Sie während der Gruppenarbeit, dass die Arbeitsfähigkeit der Gruppe gestärkt wird, bevor Sie sich mit der operativen Aufgabe auseinandersetzen:

- Sollten Sie sich selbst in der Rolle der Leitung autorisieren, lassen Sie sich die Rolle durch die gesamte Gruppe genehmigen.
- Definieren Sie die Rollen der Leitung und der Teilnehmer.
- Nennen Sie das Ziel der Gruppenarbeit nochmals zu Beginn der Veranstaltung.
- Beginnen Sie unter allen Umständen pünktlich.

- Nutzen Sie die Erfahrungen der Gruppe, verteilen Sie entsprechende Aufgaben.
- Erhalten oder steigern Sie durch motivierende Impulse die Arbeitsfähigkeit der Gruppe.
- Achten Sie auf die Einhaltung von Absprachen bezüglich der Methodik.
- Auf der To-do-Liste findet sich möglichst jeder Teilnehmer mit einem Beitrag wieder.

Sorgen Sie nach der Gruppenarbeit für einen fließenden Übergang in die Umsetzungsphase. Achten Sie darauf, dass zugesagte Arbeitserleichterungen für die Beteiligten zügig eintreffen. Nur dadurch lässt sich die hohe Motivation der Arbeitsphase auch in der Umsetzung weiter fortführen. Reflektieren Sie zusätzlich die Gruppenarbeit mit den Teilnehmern methodisch und inhaltlich. Dadurch entwickeln Sie die Teilnehmenden auch methodisch weiter und sichern hohe Arbeitsfähigkeit während Gruppenarbeiten auch in der Zukunft.

Die Kunst, Widerständen so zu begegnen, dass die Arbeitsfähigkeit steigt, ist das Meisterstück für jede Führungskraft. Steigt der Veränderungsdruck in Unternehmen an, wachsen auch die Befürchtungen der Beteiligten, den Veränderungen nicht genügen zu können. Wer hier als Führungskraft zunächst dem eigenen Verstehen Raum gibt und dann mit den Betroffenen gemeinsam einen Lösungsweg bestimmt und geht, wird die Veränderungsfähigkeit seines Verantwortungsbereiches erheblich steigern. Wer sich als Kapitän auf stürmischer See bewährt, genießt das Vertrauen der Mannschaft, des Reeders und der Kunden.

8. Mitarbeitergespräche als Motivations- und Führungsinstrument

In den vorangegangenen Teilen des Buches haben Sie viele Tipps, Anregungen und Strategien erhalten, um die drei Erfolgsfaktoren der Führungskraft zielorientiert einsetzen zu können. Als ergänzendes Instrument sollte auch das Mitarbeitergespräch zur Anwendung kommen.

Zwar ist das Mitarbeitergespräch als Führungsinstrument in Unternehmen, Verwaltung und Schule hoch im Kurs, jedoch gibt es oft Unklarheiten über den Gegenstand und den Einsatz dieses Instrumentes. So bedankte sich der Chef eines mittelständischen Unternehmens für Ingenieurdienstleistungen nach einem Training zur Implementierung des Mitarbeitergespräches in seinem Unternehmen. Er sagte mir, ihm sei während des Trainings klar geworden, dass ein Mitarbeitergespräch kein Kritikgespräch ist. Diese Bemerkung zeigte ein dramatisches Missverständnis und motivierte mich, dieses Kapitel zum Umgang mit dem Mitarbeitergespräch zu schreiben. Es ist bei richtigem Einsatz ein sehr wirkungsvolles Instrument zur nachhaltigen Entwicklung eines Mitarbeiters. Gleichzeitig kann der fehlerhafte Einsatz die Arbeitsfähigkeit des Mitarbeiters jedoch auch beeinträchtigen.

Ziel des Mitarbeitergespräches ist es, ein Forum für den Gesprächsbedarf des Mitarbeiters zu bieten, gegenseitige Vorstellungen und Erwartungen kennenzulernen und die gemeinsame Zukunft zielorientiert zu planen.

Das Mitarbeitergespräch ist ein Gespräch der weisungsbefugten Führungskraft mit einem Mitarbeiter, das ein- bis zweimal im Jahr stattfindet. Es wird außerhalb der Hektik des beruflichen Alltags geführt und hat eine Länge von 45 bis 60 Minuten.

Wichtig ist, dass das Mitarbeitergespräch keinen konkreten Anlass auf der Arbeitsebene hat, wie etwa Kritik oder die Delegation operativer Ziele. Für beide Anlässe gibt es das spezielle Instrumentarium von Kritik- und Zielvereinbarungsgesprächen. Beachten Sie dabei, dass es ein Gesprächsforum für den Mitarbeiter ist. Seine Wünsche, Ziele und Motivationen haben Vorrang.

8.1 Inhalte des Mitarbeitergespräches

Folgende Inhalte sollten im Mitarbeitergespräch als Gesprächsthemen von der Führungskraft angeboten werden:

- Arbeit und Aufgaben des Mitarbeiters
- Zusammenarbeit zwischen Führungskraft und Mitarbeiter
- Persönliche Entwicklung des Mitarbeiters

Lassen Sie mich im Folgenden den Inhalt des Mitarbeitergespräches genauer beschreiben.

Arbeit und Aufgaben

Wird das Gespräch operativ auf die Arbeit ausgerichtet, können, sofern dies der Mitarbeiter wünscht, konkrete Arbeiten kurz durchgesprochen werden. Es besteht jedoch die Gefahr, dass sich die Gesprächspartner im operativen Geschäft festbeißen und die gewollte strategische Ausrichtung unterbleibt. Deshalb sollte das operative Geschäft von der Führungskraft auch nicht aktiv zum Thema gemacht werden.

Die Besprechung der Arbeit aus einem strategischen Blickwinkel bildet dagegen einen der methodischen Kerne des Mitarbeitergespräches. Es können beispielsweise folgende Themen zum Gegenstand gemacht werden:

- Arbeitsauslastung und -verteilung
- Steigerung der Motivation
- Gründe für Demotivation
- angestrebte Tätigkeiten

- Verbesserungsvorschläge und Veränderungsziele
- Verständnis für Arbeitsabläufe oder ungeliebte Aufgaben
- Transparenz für Ziele des Unternehmens

Auch das Arbeitsumfeld kann besprochen werden, zum Beispiel die Sachmittelausstattung, Personalressourcen oder Räumlichkeiten.

Die Führungskraft sollte das Gespräch gerade in diesem Themenbereich in ruhigen und motivierenden Bahnen führen, denn viele Mitarbeiter identifizieren sich sehr mit der Arbeit und ärgern sich oft über Missstände. Ist endlich einmal ein Forum vorhanden, um diese Sachverhalte zu thematisieren, kann die Wirkung einer Sektflasche gleichkommen, der man den Korken entfernt.

Soll das Mitarbeitergespräch positiv auf die Arbeitsfähigkeit einwirken, muss die Führungskraft das Gespräch in positiven Bahnen halten, auch wenn die Emotionen einmal hochschäumen.

Zusammenarbeit

Einen weiteren Schwerpunkt bildet die Zusammenarbeit von Führungskraft und Mitarbeiter. Wenn der Mitarbeiter genug Vertrauen hat und die Themen offen anspricht, erhält die Führungskraft viele nützliche Informationen zum eigenen Führungsverhalten und ihrer Akzeptanz in der leitenden Rolle. Folgende Themenfelder bieten sich an:

- Allgemeine Fragen zur Führung
- Delegation
- Umgang mit Kritik und Anerkennung
- die gegenseitigen Erwartungen
- das Verhalten in Stresssituationen
- der Beteiligung des Mitarbeiters/der Mitarbeiterin
- Verantwortungsbereitschaft
- Leistungsfähigkeit und -bereitschaft

Gerade vonseiten des Mitarbeiters erfordert dieser Teil des Mitarbeitergespräches viel Vertrauen in die Führungskraft und in ihre Führungsfähigkeiten. Viele Mitarbeiter neigen deshalb dazu, das Verhalten der Führungskraft zu testen. Im ersten Mitarbeitergespräch wird die Zusammenarbeit grundsätzlich positiv dargestellt, nur an einer unwesentlichen Stelle wird Verbesserungspotenzial angesprochen. Nun testet der Mitarbeiter, wie seine Führungskraft darauf reagiert. Geht sie mit der Situation wertschätzend, freundlich und lernfähig um, wird der Mitarbeiter sein Vertrauen bestätigt sehen und sich im nächsten Durchgang mutiger äußern. Reagiert die Führungskraft jedoch mit Rechtfertigung oder gar mit Gegenangriff wird das Vertrauen enttäuscht und der Mitarbeiter verschließt sich.

Oft hat diese negative Erfahrung nicht nur Auswirkungen in der Führungsarbeit mit diesem Mitarbeiter. Erfahrungen mit dem Mitarbeitergespräch sprechen sich herum wie ein Lauffeuer. Gerade deshalb sind in der Anfangsphase der Einführung des Mitarbeitergespräches die positiven Erfahrungen für alle Beteiligten so wichtig. Sie sind kulturprägend für das Unternehmen und die Zusammenarbeit.

Persönliche Entwicklung

Hier geht es um die Zukunft. Damit arbeiten Sie hier an der Möglichkeit, noch arbeitsfähiger zu werden. Leitfrage für diesen Bereich des Mitarbeitergespräches ist: „Welche Fähigkeiten möchte der Mitarbeiter erwerben und welche Potenziale entwickeln?“

Wichtig ist es jedoch hier zu beachten, dass sich die Wünsche und Ziele des Mitarbeiters am Personalbedarfsplan des Unternehmens orientieren. Zwar lässt sich mit überhöhten Erwartungen leicht Motivation erzeugen, doch es besteht die Gefahr, unrealistische Erwartungen beim Mitarbeiter zu wecken, die an den Erfordernissen der Organisation vorbeigehen und enttäuscht werden. Macht ein Mitarbeiter diese Erfahrung im Mitarbeitergespräch wird das ganze Instrument in seinen Augen wertlos und büßt viel seiner Wirkung ein.

Die persönliche Entwicklung sollte sich auf drei Kompetenzbereiche beziehen:

- fachliche Kompetenz
- soziale Kompetenz
- methodische Kompetenz.

8.2 Mitarbeitergespräch und Personalbewertung

Will eine Organisation das Mitarbeitergespräch implementieren, sollte zunächst auf jede Form der Bewertung verzichtet werden. Gerade bei den Mitarbeitern löst der Bewertungsteil häufig Ängste aus, die das gesamte Gespräch überschatten. Die ersten zwei oder drei Gespräche sollten ohne Bewertung durchgeführt werden, um allen Beteiligten gute Führungserfahrungen mit diesem Instrument zu ermöglichen. Danach lässt sich die Bewertung zusätzlich integrieren. Um die Zeit bis zur Einführung der Bewertungsphase als Teil des Mitarbeitergespräch nicht zu lange werden zu lassen, werden im Einführungsjahr meist zwei Mitarbeitergespräche geführt. Dadurch kann sich das Vertrauen in das Instrument und in die Zusammenarbeit mit der Führungskraft schneller bilden. Auf dieser positiven Basis sind dann auch in der Folge Bewertungen möglich. Wünschenswert ist die gegenseitige Bewertung von Mitarbeiter und Führungskraft.

8.3 Mitarbeitergespräche und Zielvereinbarungen

Wichtig ist, dass das Mitarbeitergespräch in konkrete überprüfbare Zielvereinbarungen mündet. Nur dadurch werden beide Seiten verpflichtet, an der konkreten Umsetzung zu arbeiten. Unserer Erfahrung nach sollten die Ziele auch schriftlich gefasst werden. Nur dadurch bekommen die Vereinbarungen einen wirklich verbindlichen Charakter.

Besonders effektiv laufen Mitarbeitergespräch dann, wenn der Mitarbeiter zu Beginn seiner Vorbereitung auf das Mitarbeitergespräch von seiner Führungskraft Informationen zu den übergeordneten Zielen zum Beispiel der Abteilung erhält. Auf dieser Grundlage kann sich der Mitarbeiter selbst vorbereiten.

Folgendes Formular könnte eine Führungskraft zum Beispiel einsetzen:

Information zum Zielekatalog

Folgende übergeordneten Ziele wurden mit der Organisation bzw. mit der Abteilung vereinbart:

1. Ziel:
Was soll erreicht werden? Beschreibung des Sollzustandes.

____

____

Wann soll der Sollzustand erreicht sein?

____

Wie werden wir den Erfolg quantitativ/qualitativ messen?

____

____

2. Ziel:
Was soll erreicht werden? Beschreibung des Sollzustandes.

____

____

Wann soll der Sollzustand erreicht sein?

____

____

Wie werden wir den Erfolg quantitativ/qualitativ messen?

____

____

Ort/Datum: ____________________, _______________

____________________ ____________________

(Unterschrift) (Unterschrift)

Hierbei handelt es sich nur um eine grobe Information. Innerhalb dieses Rahmens kann sich der Mitarbeiter orientieren und sich eigene Ziele setzen. Diese lassen sich dann im Mitarbeitergespräch diskutieren und gegebenenfalls vereinbaren.

Gerade während die ersten Erfahrungen mit dem Mitarbeitergespräch gesammelt werden, sollte auf frühe Erfolge Wert gelegt werden. Vereinbaren Sie also mit dem Mitarbeiter auch Ziele, die innerhalb von wenigen Wochen erreicht werden können. Dadurch durchlaufen Mitarbeiter und Führungskräfte das komplette Verfahren. Die Sicherheit nimmt zu und positive Erfahrungen sprechen sich herum.

Zur Dokumentation des konkreten Ergebnisses eines Mitarbeitergespräches lässt sich folgendes Formular verwenden:

Zielvereinbarung aus dem Mitarbeitergespräch

Zwischen ______________________________
und ______________________________

wird folgendes Ziel vereinbart:
Was soll erreicht werden? Beschreibung des Sollzustandes.

____

____

Wann soll der Sollzustand erreicht sein?

____

____

Wie werden wir den Erfolg quantitativ/qualitativ messen?

____

____

Welche Teilziele können vereinbart werden?

Teilziel 1:

____

____

erreicht am: ____________________
gemessen durch:

____

____

Was geschieht, wenn das Ziel erreicht wird?

____

____

Was geschieht, wenn das Ziel nicht erreicht wird?

____

____

Teilziel 2:

____

____

erreicht am: ____________________

gemessen durch:

____

____

Was geschieht, wenn das Ziel erreicht wird?

____

____

Was geschieht, wenn das Ziel nicht erreicht wird?

____

____

Ist das Ziel mit den anderen Zielen vereinbar? Ja Nein

Bin ich für die Erreichung des Zieles alleine verantwortlich? Ja Nein

Bin ich auf die Zuarbeiten anderer Mitarbeiter angewiesen? Ja Nein

Beide Seiten verpflichten sich, sich über Zielabweichungen gegenseitig unverzüglich zu informieren.

Die erneute Besprechung des Ziels erfolgt am ____________.

Ort/Datum: ____________________, ________________

____________________ ____________________

(Unterschrift) (Unterschrift)

Die Dokumentation sichert Ernsthaftigkeit und einen verantwortlichen Umgang mit dem Instrument. Sie stellen die Zusammenarbeit im Rahmen der Vereinbarung auf eine verlässliche Grundlage.

Schlussbemerkung

Sie haben viele nützliche Tipps, Anregungen und Strategien erhalten, die jetzt darauf warten in Ihrer Praxis erprobt zu werden und dauerhaft einzufließen. Sie haben Werkzeuge kennengelernt, um sich persönlich zu motivieren und Ihr Handeln als Führungskraft zu entwickeln.

Gestatten Sie mir am Ende des Buches noch ein paar abschließende Gedanken zum weiteren Umgang mit den Bereichen Motivieren, Delegieren und Kritisieren.

Das eigenverantwortliche Gehen des Weges zum Ziel innerhalb der besprochenen Rahmenbedingungen ist für viele Mitarbeiter mit einem Gewöhnungsprozess verbunden. Gelegentlich versuchen Mitarbeiter die Führungskraft in Entscheidungen einzubinden, die innerhalb des eigenen Gestaltungsrahmens liegen. Machen Sie den Mitarbeiter darauf aufmerksam, dass er die Entscheidung eigenverantwortlich treffen kann und stärken Sie ihm den Rücken. Verhaltensänderungen sind Lernprozesse, die Zeit benötigen. An dieser Stelle ist sie gut investiert.

Der Umgang mit Kritik ist oft mit starken Emotionen verbunden. Wer in dieser Situation sein Führungsschiff bei aufbrausendem Wind und hohen Wellen mit ruhiger Hand steuert, schont die Mannschaft und das Material. Ein Kapitän, der sich in stürmischen Zeiten verlässlich und erfahren zeigt, erwirbt den Respekt und das Vertrauen der Crew.

Sie arbeiten in Führungssituationen immer auf zwei Ebenen: Erstens geht es darum, konkrete Aufgaben des Tagesgeschäftes zu bewältigen. Langfristig ist jedoch die zweite Ebene viel entscheidender. Die zweite Ebene ist die langfristige Leistungsfähigkeit und -bereitschaft, die Sie durch den Umgang im Tagesgeschäft miteinander beeinflussen. Nur wer das Tagesgeschäft bewältigt und damit positive langfristige Effekte bewirkt, leistet seinem Verantwortungsbereich und den Menschen, die darin arbeiten, einen guten Dienst.

Selbstmotivation und Mitarbeitermotivation sind kein einmal erreichter Zustand, sondern ein permanenter Prozess, der Pflege, Nahrung und Liebe braucht. Dauerhaftigkeit und Kontinuität sind im Umgang mit anderen Menschen und im Umgang mit sich selbst viel wirkungsvoller als rasante Geschwindigkeitsrekorde, die nach kurzer Zeit erlahmen. Strohfeuer hinterlassen verbrannte Erde und sind zum Wärmen ungeeignet.

Berücksichtigen Sie, dass Ihre Umwelt ohne die Impulse dieses Buches Ihr verändertes Führungsverhalten erlebt und darauf reagiert. Deshalb wenden Sie bei allen Umsetzungsbestrebungen die Politik der kleinen Schritte an. Damit ermöglichen Sie Ihrem Personal durch Ihre Vorbildfunktion zu lernen, ohne durch Veränderungssprünge Ängste auszulösen und abzuschrecken.

Ich wünsche Ihnen viel Motivation und Erfolg bei der Umsetzung. Bauen Sie den Kritikstau ab und delegieren Sie ziel- und mitarbeiterorientiert. Setzen Sie Ihr Wissen in einer Weise ein, die nicht nur Ihnen, sondern vor allem Ihrem Gegenüber nutzt. Damit werden Sie auch selbst dauerhaft den größten Erfolg haben.

Abbildungsverzeichnis

Literaturverzeichnis

BARTSCH, ERNST, Sprechen, Führen, Kooperieren in Betrieb und Verwaltung, Reinhardt Verlag, München, 1999

DAHMS, MATTHIAS/DAHMS, CHRISTOPH, Die Magie der Schlagfertigkeit, Dahms Privatinstitut, Wermelskirchen, 2004

DAHMS, MATTHIAS, Karriere braucht Kommunikation, Gabler Verlag, Wiesbaden, 2010

DE MICHELI, MARCO, Nachhaltige und wirksame Mitarbeitermotivation, Praxium Verlag, Zürich, 2006

DOPPLER, KLAUS, Der Change Manager, Campus Verlag, Frankfurt am Main, 2003

FERSCH, JOSEF, Erfolgsorientierte Gesprächsführung, Gabler Verlag, Wiesbaden, 2005

FRIEDERICH, GERD, Leiten, Lenken, Führen, Modernes Schulleitungsmanagement, Auer Verlag, Donauwörth, 2005

GMÜR, MARKUS, Human Resource Management, Versus Verlag, Zürich, 2007

GOSTICK, ADRIAN, Der unsichtbare Mitarbeiter, Wiley-VCH Verlag, Weinheim, 2007

HABERLEITNER, ELISABETH, Führen, Fördern, Coachen, Piper Verlag, München, 2003

HARGENS, JÜRGEN, Erfolgreich führen und leiten, Verlag Modernes Lernen, Dortmund, 2005

HECKHAUSEN, JUTTA/HECKKAUSEN, HEINZ, Motivation und Handeln, Springer Verlag, Berlin, 2005

HERSEY, PAUL, Situatives Führen, die anderen 59 Minuten, Verlag Moderne Industrie, Landsberg, 1986

HERSEY, PAUL/BLACHARD, KENNETH, Wie Manager reorganisieren, Praxisstudie, Verlag Moderne Industrie, Landsberg, 1987

LAHNINGER, PAUL, Widerstand als Motivation, Ökotopia, Münster, 2005

LAY, RUPERT, Führen durch das Wort, Ullstein Verlag, Berlin, 2006

MARTENS, JENS U., Die Kunst der Selbstmotivation, Verlag Kohlhammer, Stuttgart, 2005

MENZEL, WOLFGANG, Mitarbeitergespräche, Haufe Verlag, Freiburg, 2002

OLFERT, KLAUS, Personalwirtschaft, 12. Auflage, Kiehl Verlag, Ludwigshafen, 2006

RHEINBERG, FALKO, Motivation, Kohlhammer Verlag, Stuttgart, 2006

RISCHAR, KLAUS, Kritik als Chance für Vorgesetzte und Mitarbeiter, Expert-Verlag, Renningen, 2002

SCHÄREN, MANUELA, Führen von Führungskräften, VDM Verlag Dr. Müller, Saarbrücken, 2007

SCHWARZ, HUBERT, Aus eigenem Antrieb, Econ Verlag, Berlin, 2006

SEIDEL, WOLFGANG, Emotionale Kompetenz, Spektrum Akademischer Verlag, 2004

SPRENGER, REINHARD K., Das Prinzip Selbstverantwortung, Wege zur Motivation, Campus Verlag, Frankfurt am Main, 2002

STROEBE, ANTJE/STROEBE, RAINER, Motivation durch Zielvereinbarungen, Verlag Recht und Wirtschaft, 2006

WEIBLER, JÜRGEN, Personalführung, Vahlen Verlag, München, 2001

WIELENS, HANS, Raus aus der Führungskrise, Verlag Kamphausen, Bielefeld, 2006

WOLF, GEORG/DRAF, DIETER, Leiten und Führen in der öffentlichen Verwaltung, 5. Auflage, Rehm Verlag, München, 1999

Stichwortverzeichnis

G

H

I

K

L

M

N

P

R

Der Autor

Diplom-Ökonom Matthias Dahms, gelernter Bankkaufmann, ist seit 1990 als Führungs- und Verhaltenstrainer tätig.

Seit 2002 leitet er die systemisch ausgerichtete Trainings- und Beratungsgesellschaft project and change mit Sitz in Leingarten bei Heilbronn (www.project-and-change.de). Zu seinen Kunden zählen Unternehmen und öffentliche Verwaltungen. Seine Erfahrungen und Empfehlungen stammen aus der handlungsorientierten Arbeit mit über 25.000 Teilnehmerinnen und Teilnehmern. Matthias Dahms ist gefragter Referent zu Führungs- und Motivationsthemen, wie zum Beispiel: Umgang mit Kritik, Wege der Selbstmotivation und Mitarbeitergespräche als Führungsinstrument. Er coacht Führungskräfte in Veränderungsprozessen. Ebenfalls bei Gabler erschienen ist sein Buch *Karriere braucht Kommunikation: Über die Kunst sich im Unternehmen optimal zu positionieren.*